认识中国植物丛书

"十三五"国家重点图书出版规划项目
国家出版基金资助项目
2018年广东省重点出版物暨"百部好书"扶持项目

郑度 主编

认识中国植物

Introduction to Chinese Plants

海岛分册

张继方 方碧真 金 宁 孙 灏 胡冬平 刘 蕾
周 敏 陈 婉 任 磊 陈玄达 张炜琪 阿 珠   编著

SPM 南方出版传媒
广东科技出版社 | 全国优秀出版社
·广州·

图书在版编目（CIP）数据

认识中国植物．海岛分册 / 张继方等编著．—广州：广东科技出版社，2018.6（2020.6 重印）

（认识中国植物丛书 / 郑度主编）

ISBN 978-7-5359-6948-4

Ⅰ．①认⋯　Ⅱ．①张⋯　Ⅲ．①岛—植物—中国—青少年读物　Ⅳ．① Q948.52-49

中国版本图书馆 CIP 数据核字（2018）第 081653 号

认识中国植物　海岛分册
Renshi Zhongguo Zhiwu Haidao Fence

策　　划：	黄　铸
责任编辑：	黄　铸
封面设计：	柳国雄
责任校对：	梁小帆　冯思婧
责任印制：	彭海波
出版发行：	广东科技出版社
	（广州市环市东路水荫路 11 号　邮政编码：510075）
	http://www.gdstp.com.cn
	E-mail: gdkjyxb@gdstp.com.cn（营销）
	E-mail: gdkjzbb@gdstp.com.cn（编务室）
经　　销：	广东新华发行集团股份有限公司
印　　刷：	广州一龙印刷有限公司
	（广州市增城区荔新九路 43 号 1 幢自编 101 房　邮政编码：511340）
规　　格：	889mm×1 194mm　1/32　印张 6.625　字数 150 千
版　　次：	2018 年 6 月第 1 版
	2020 年 6 月第 2 次印刷
审 图 号：	GS（2018）2645 号
定　　价：	39.80 元

如发现因印装质量问题影响阅读，请与承印厂联系调换。

《认识中国植物丛书》编委会

主　任：王桂科
副主任：杜传贵　叶　河
委　员：肖延兵　应中伟
　　　　朱文清　丁春玲

序 Preface

认植物，爱祖国

有一首歌名叫《我爱你中国》，歌中唱道：她是"春天蓬勃的秧苗""秋日金黄的硕果""青松气质""红梅品格""家乡的甜蔗""森林无边""群山巍峨"……歌中的中国充满了诗情画意。我们走向原野，走向高山进行科学探索时，对这种美体会得更加深刻，更加具体化。

在广东科技出版社的倡议下，我们组织编写了这套《认识中国植物丛书》，从青少年植物爱好者身边容易见到的植物开始，引导青少年植物爱好者认识中国的植物，了解中国的植物，学会观察和欣赏中国植物的美，爱上中国的植物，进而激发青少年植物爱好者的爱国热情。

复杂的地貌，丰富的植物

1. 中国的地理条件复杂多样

中国位于欧亚大陆东南部、太平洋西岸，是一个海陆兼备的国家。中国的陆地国土面积达960万平方千米，居世界第三位。广袤的国土北起黑龙江，南至南沙群岛，南北跨纬度达49°36′，直线距离约5 500千米；西起新疆帕米尔高原，东至黑龙江与乌苏里江汇合处，东西跨经度约61°25′，距离约5 200千米。中国还拥有辽阔的海域和众多的海岛。中国东部濒临渤海、黄海、东海、南海及台湾以东的太平洋海区，跨越温带、亚热带和热带。在众多海岛中，面积大于200平方千米的有台湾岛、海南岛、崇明岛、舟山岛、东海岛、平潭岛、长兴岛和东山岛共8个。

从空中俯瞰中国大地，地势犹如阶梯一样自西向东逐级下降，位于我国西南部的青藏高原就是第一阶梯。追溯地球历史，距今6 500万年前开始的喜马拉雅运动是引发青藏高原地区隆起的构造运动，也正是这一重大地壳运动，形成了中国今天独特的地貌架构。喜马拉雅运动缘于印度板块与欧亚板块的碰撞，致使青藏高原不断升高，平均海拔高达4 000米以上，

不仅成为中国地势的第一阶梯,也号称"世界屋脊",而喜马拉雅山脉的主峰珠穆朗玛峰则成了世界的最高峰。

中国东部地区,季节变化显著,表现为冬干冷、夏湿热,雨量集中于夏季的季风气候特点,主要是由海陆分布、大气环流和地形等因素共同影响综合作用的结果。而在中国内陆的西北地区,终年受大陆性气团控制,且处于夏季风影响范围之外,无明显的雨季和旱季之分,气候干燥,属于干旱区。在青藏高原存在环流系统的季节变换,主要是随行星风系季节位移,受高原地面热力作用的结果,属高原季风类型,由于地势高耸而成为高寒地区。

由于国土面积大,加上地形的复杂、气候的变化,造就了中国复杂多变的生态环境。这样的生态环境,在全球是绝无仅有的,孕育了丰富多彩的生物多样性。

中国的西南地区是世界生物多样性最丰富的地区之一。青藏高原周边地区,高山植物特别丰富,春季的高山草原、草甸,宛如天上的花园,生长着异常美丽的各种花卉。

距今200万~300万年前开始的第四纪冰期,至1万~2万年前才结束。北半球大冰盖的南缘在欧洲抵达北纬50°附近;在北美大陆冰盖前缘延伸到北纬40°以南;在南极洲冰盖也远比现在大得多。在赤道附近地区的山岳冰川和山麓冰川,曾经下延到较低的位置。在如此寒冷的极端气候条件下,地球上的植物部分灭绝。

而在中国,得益于复杂的地形格局和高大山系对冷空气的阻挡,部分区域受冰期寒冷的影响较弱,尤其是中国西南地区,成为许多植物的避难所,使得冰期之前在地球上极为繁茂的许多裸子植物[如银杏(*Ginkgo biloba*)等]和部分古老的被子植物[如珙桐(*Davidia involucrata*)等]得以幸存下来。相比之下,北美洲和欧洲的大片平原地区,绝大多数植物都相继灭绝了。由此带来的结果是:中国的高等植物达3万多种,居世界第三位;中国的裸子植物种数世界第一;中国园林植物资源非常丰富,被称为"世界园林之母"。

2. 中国植物影响世界

银杏(见本丛书的东北分册、华东分册)于第四纪冰期在美洲和欧洲相继灭绝,只在中国幸存。随着冰期的结束,地球的气温升高了,银杏又被重新引种到世界各地。

珙桐是中国的特有植物。清朝末年,英国著名的植物学家威尔逊专程来到中国,他的重要任务之一就是寻找珙桐。在国力衰弱的清朝末年,中国的植物通过西方植物猎人之手大规模地走向了世界。

中国的西南地区是杜鹃花（*Rhododendron* spp.）的故乡。现在，来自中国的杜鹃花已经在世界各地繁茂开放。中国的高山花卉在世界园林植物中占有极为重要的地位。

中国是世界上最早种植水稻（*Oryza sativa*）的国家。据考古研究，约1万年前中国人就已经开始种植水稻。袁隆平院士及其团队的杂交水稻研究处于世界领先地位，为解决世界粮食问题做出了巨大的贡献。

植物迷作者，有特色的书

1. 作者们都酷爱植物

本套丛书共有近30位作者，他们都是来自全国各地的植物迷。他们共同的特点就是酷爱植物，观察植物、学习植物知识、研究植物特点是他们的最大乐趣。只要有空闲时间，他们就会相约去"刷山"，走进大自然，亲近植物，用相机记录下植物的美。回家后整理记录，通过微信群交流心得，分享植物带来的乐趣，并通过微博、微信公众号介绍植物特点和知识，讲述植物故事和趣事，与"粉丝"互动。他们用精美的照片和优美的文字向人们展示了丰富多彩的植物世界。

在本套丛书中，各作者都重点写自己周边熟悉植物的知识，整合成为一套《认识中国植物丛书》。每一分册都最大限度地展示了各地区植物的有趣和美丽，从而使整套丛书可以较好地展现中国植物的特色。

通过本套丛书，读者们不仅可学到植物知识，了解到植物趣事和故事，同时还可以感受到作者们对植物深深的热爱。

2. 丛书特色

本套丛书共有9个分册，每一分册介绍150种植物，9个分册共介绍1 000多种植物。每一分册主要分为四个部分（《认识中国植物 华南分册》还增加了一个部分）：地区特色植物（包括本地植物和适应当地环境的外来引进植物）、城市绿化植物、常见野生植物、珍稀保护植物。每种植物分别介绍植物的名称、学名、别名、特征、趣事和故事，并配以精美的照片。

9个分册还添加了不同的附录，分别介绍不同方面的植物知识，包括：植物学名中包含的信息、植物的根、植物的茎、植物的叶、植物的花、种子和果实、我国常见入侵植物、我国外来农作物简介、世界十大著名植物园。通过附录，读者可以了解到更多与植物相关的知识。

希望通过本套丛书的介绍，让初学者从认识身边植物开始，了解植物，爱上植物，注意保护植物资源，并通过植物了解我国的地理特点。通过学习植物知识，更加激发青少年植物爱好者的爱国情感。

爱身边植物，爱美丽祖国

中国优越的自然地理条件，为生物多样性提供了很好的客观环境。丰富的物种多样性与地理环境的高度异质性，构建了复杂多样的生态系统。

喜欢植物，可以通过植物了解我国的地理环境和自然资源情况。

喜欢植物，爱护植物，可以增强环保意识，自觉保护环境，保护生物多样性，让生活环境变得更好。

喜欢植物，通过关爱身边的一草一木，热爱大自然，激发爱国热情，并将爱国变得更加具体化、实在化。

习近平总书记在十九大报告中，就生态文明建设提出新论断，坚持人与自然和谐共生成为新时代坚持和发展中国特色社会主义的基本方略。"绿水青山就是金山银山"，中国丰富的植物资源可为青山披上美丽的衣裳。

拥有美好资源的同时，我们也有保护资源的义务和责任。从认识常见植物做起，掌握了植物知识，就可以更好地保护植物，为美丽中国生态文明建设出力。

中国科学院地理科学与资源研究所

郑度

2018年5月26日

前言 Foreword

海岛地理特征

我国海域辽阔，海岛众多，其中面积大于200平方千米的海岛有8个，以台湾岛和海南岛最典型。因此，本丛书的海上岛屿区，主要包括台湾岛及其周围岛屿、海南岛、南海诸岛。

一、气候特征

台湾岛位于22°~25°N，北回归线横越其南部，深受东北季风与西南季风的影响，且处于台湾暖流包围之中，岛上高大山脉有多处迎风坡成为多雨中心。全岛平地年均温达到20℃以上，中北部年雨量可达

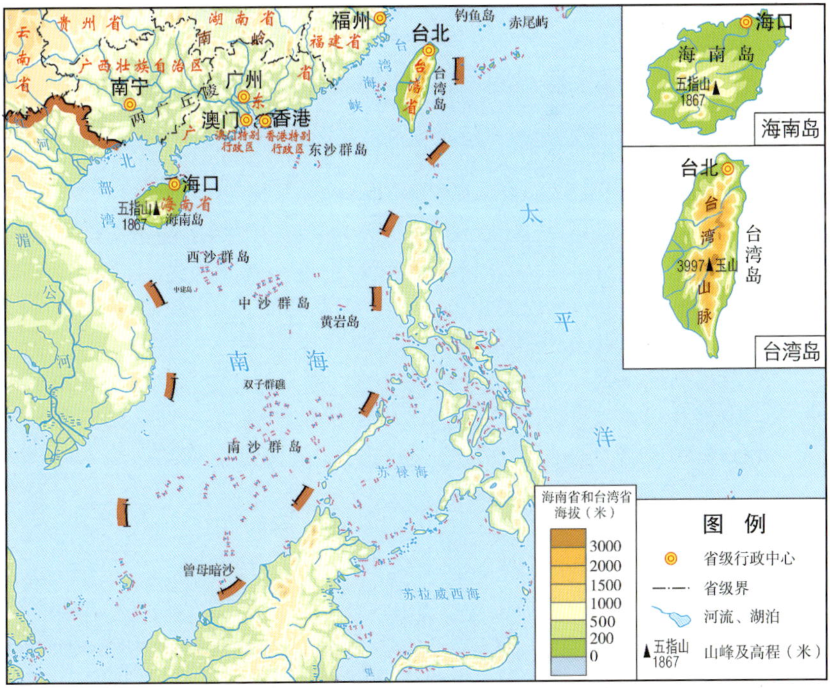

成都地图出版社、李会玲、余紫莹 绘制

I

2 500毫米以上，南部也可达1 800毫米左右。因此，台湾岛的气候特征表现为温暖炎热，潮湿多雨，台风盛行。

海南岛位于北回归线以南，属于热带季风气候，热量丰富，雨量充沛，长夏无冬，但偶有寒潮。全岛年均温为23~25℃，春秋季相连，没有冬季；年雨量约为1 700毫米，没有明显的干湿季；每年7—10月深受台风活动影响；冬季受北方冷空气南下的影响，偶有阵寒。

南海诸岛位于南海，具有热带海洋气候，终年高温多雨，四季不分明，受季风影响大。年均温达到25℃以上，年降水量达到1 500毫米左右，其中南沙群岛可达到2 813.5毫米。受季风影响显著，同时还受到台风影响。

二、地形特征

台湾岛位于我国东南沿海，地处亚洲大陆大陆架的东南边缘。山地纵贯台湾岛中部，使岛上地形呈中间高两侧低，从中央山脉向东西两岸逐渐降低，东陡西缓。广泛分布的山脉使岛上山地面积广大，海拔500米以上的山地约占总面积的45%。高度1 000米以上的山地有中央山脉、雪山山脉、玉山山脉、阿里山山脉、海岸山脉等，其中前三者海拔均在3 000米以上。山脉平行排列，彼此之间是狭长的低洼谷地，呈现出山脉、谷地相间分布的特点。岛内丘陵、台地面积较大，大致分布在山地西侧与平原过渡的山麓地带；平原、盆地面积较小，主要分布在岛的南部和西部沿海。海岸线长，东西两岸平直，北部有岬角与海湾交互出现，西部以沙质和泥质海岸为主，东部海岸崖壁陡峭，南部为平原海岸。

海南岛位于我国南部，岛上地貌以山地、丘陵和台地为主，有火山地貌发育。地势从岛的中部向外围逐级递降，依次为中山、低山、丘陵、台地和滨海平原。中部到中南部为花岗岩山地，最高峰为五指山，海拔1 867米。岛的北部主要为玄武岩台地，由第四纪火山玄武岩凝固而成。海岸线长，西北岸有珊瑚礁。

南海诸岛是指散布在我国大陆以南的广阔南海中的岛屿，包括东沙、西沙、中沙和南沙4组群岛。岛屿主要由沙岛、礁岛、沙洲和礁滩所组成。海域面积辽阔，陆地面积小，地势低平，珊瑚礁岛地貌发育。

三、水文特征

台湾岛地势高且雨量充沛，河流较多，但湖泊较少。受地形影响，岛内河川具有流短水急、流域面积狭小的特点。河川主流长度多在10千米以内，长度超过100千米的只有少数，其中浊水溪长度186千米，为全岛最长。湖泊不多，多分布于高山地带，其中最著名的是日月潭，由玉山和阿里山之间的断裂盆地积水而成。

海南岛的地形四周低平，中间高耸，岛上河流呈放射状的短小独流，以南渡江、昌化江和万泉河为代表。河流不长但流量丰富，落差也较大。此外还有许多小河流，长度、集水面积和流量都较小，有的还是季节性河流。

南海诸岛因处于海岛环境，陆地面积小，地势平坦，没有河流与湖泊的发育。

四、土壤特征

台湾岛的土壤主要有三大类型：冲积土、红壤和山地土壤。冲积土主要分布于四周沿海平原和河谷地区，同时沿海地区还有风成沙土（砂质新成土）和盐碱土（普通潮湿正常盐成土）分布。红壤（黏化湿润富铁土）主要分布于岛上的台地和低山。山地土壤则分布于山区，以地带性的赤红壤（简育湿润铁铝土）为基带，发育一系列的垂直变化类型。

海南岛的土壤以砖红壤（暗红湿润铁铝土）为主。从沿海到山地，土壤分布呈环状变化，依次为滨海沙土、铁质砖红壤、硅质砖红壤、山地砖红壤性红壤和山地黄壤。中部山地则出现土壤垂直变化类型，形成我国完整的热带土壤垂直带谱。

南海诸岛因形成背景特殊，且处于海岛环境，土壤的发育年轻，类型不多。主要有磷质石灰土（磷质钙质湿润雏形土），其他还有粗骨土（石质湿润正常新成土）以及潮间带的盐土（海积湿润正常盐成土）。

五、植被与植物特征

台湾岛低海拔地区分布的植被主要是典型的南亚热带常绿阔叶林，以此为基带发育了十分明显的垂直变化类型，从下到上主要有山地温暖带常绿阔叶林、山地暖温带针叶林、山地冷温带针叶林、亚高山针叶林、高山灌丛。另外还有海岸林，主要分布于河口或海湾，属于海潮植被。广大的台地平原区则以农作为主，种植水稻、甘薯、甘蔗、花生、香蕉、菠萝等。台湾岛既有典型的热带植物如椰子、咖啡等，又有丰富的高山植物如玉山杜鹃等，种类十分丰富。

海南岛的植被主要类型有热带雨林、热带山地雨林、热带季雨林、山地矮林及沿海红树林。热带雨林主要分布于东南、中南和西南部海拔900米以下的低地，组成树种以青皮、坡垒为主；热带山地雨林主要分布在中部海拔700~1 300米的山地；海拔1 300米以上的山顶地段分布的主要是山地矮林。热带季雨林是热带雨林与热带疏林之间的过渡类型，主要分布于东部和南部。岛上的植物种类十分丰富，以热带植物为主，显得与众不

得与众不同，如橡胶、可可、割舌罗等，还有典型的红树林植物如海榄雌、海莲、海桑、桐花树、秋茄树等。

南海诸岛上的植被属于独特的热带珊瑚岛植被，面积稍大的岛屿上有乔木群落，其他则只有灌木林和草丛。群落结构简单，植物种类不多。珊瑚岛热带常绿乔木群落以莲叶桐、榄仁树、海柠檬占优势，灌木群落主要以草海桐、银毛树和海岸桐为主，草本群落则以厚藤、海马齿、海滨大戟、羽芒菊、鲫鱼草、铺地黍、马齿苋等为主。此外还有许多栽培或绿化植物如椰子、菠萝蜜、番木瓜、木麻黄等。**方碧真**

目录 CONTENTS

一、地区特色植物

海南木莲……………………002
莲叶桐………………………003
猴欢喜………………………004
猴面包树……………………006
红毛丹………………………007
木麻黄………………………008
可可…………………………009
土坛树………………………011
红厚壳（琼崖海棠）………012
红花天料木…………………013
橡胶树………………………015
香榄…………………………016
倒吊笔………………………017
台湾相思……………………018
海南红豆……………………019
酸豆…………………………021
油楠…………………………022
辣木…………………………023
火烧花………………………024
葫芦树………………………025
杧果…………………………027
腰果…………………………029
嘉宝果………………………030
红树…………………………031

认识中国植物　海岛分册

海榄雌	032
海莲	033
海桑	034
木果楝	035
海漆	036
秋茄树	038
海滨木巴戟	039
水椰	040
油棕	041
槟榔	042
山椒子	043
番荔枝	044
矮琼棕	045
蜡烛果	046
矮紫金牛	048
大粒咖啡	049
越南黄牛木	050
牛角瓜	051
木薯	052
绿玉树	053
依兰	054
海南砂仁	055
胡椒	056
琼榄	057
凤梨（菠萝）	058
剑麻	059
束花石斛	060
稻	061
甘蔗	062

二、城市绿化植物

鳞秕泽米铁	064
盾柱木（双翼豆）	066
雨树	068
绒果决明	069
紫矿	070
龙牙花	071
白千层	072
乌墨（海南蒲桃）	073
猫尾木	074
滨玉蕊	075
红花玉蕊	077
吉贝	079
印度榕	080
大琴叶榕	081
台湾栾树	083
大花五桠果	084
火筒树	085
幌伞枫	086

鱼木	087
红木（胭脂木）	088
三角椰子	089
狐尾椰子	090
龙鳞榈	091
三药槟榔	092
蒲葵	094
酒瓶椰子	095
猩红椰子	096
酒瓶兰	097
火炬姜	098
金嘴蝎尾蕉	100
旅人蕉	102
烟火树	103
银叶郎德木	105
黄脉爵床	106
金杯藤	108

珊瑚藤	109
蒜香藤	111
十字爵床	112
沙漠玫瑰	114
马利筋	115
龟甲竹	116
蝴蝶兰	117

三、常见野生植物

高山榕	120
八角枫	122
白背枫	123
鹧鸪麻	124
美丽火桐	125
白树	126
破布叶	127
羽叶金合欢	129
猴耳环	130
喙荚云实	131
草海桐	132
鸦胆子	134
酒饼簕	135
台湾火棘	136
假杜鹃	137
野牡丹	138
苘麻	140
磨盘草	141
露兜树	142
羊角拗	143
白藤	144
榼藤	145
首冠藤	146
美丽鸡血藤	147
麒麟叶	148
刺毛黧豆	149
海刀豆	150
小叶红叶藤	151
金钟藤	152
五爪金龙	153
毒瓜	154
相思子	155

猪屎豆…………………156
地不容…………………158
小省藤（海南省藤）……159
厚藤……………………160
蛇王藤…………………161
龙珠果…………………162
蒌叶……………………163
大藻……………………164
假马鞭…………………165
篱栏网…………………166
肾茶……………………168
火炭母…………………169

四、珍稀保护植物

降香……………………172
海南苏铁………………174
海南粗榧………………175
石碌含笑………………176
观光木…………………177
台湾三角槭……………178
坡垒……………………179
青梅……………………180
蝴蝶树…………………181
海南梧桐………………182
蕉木……………………183
海南紫荆木……………184
琼棕……………………185
变色山槟榔……………186
海南钻喙兰……………187
水菜花…………………188

附录　植物的叶…………189

台湾虎尾草………………170

 一、地区特色植物

海南木莲

学名：*Manglietia fordiana* Oliv. var. *hainanensis* (Dandy) N. H. Xia
科属：木兰科 木莲属

海南木莲是常绿大乔木，高可达 20 米。叶薄革质，狭椭圆状倒卵形或倒披针形，边缘波状起伏；叶两面多少被毛。托叶痕半圆形，长约 4 毫米。花被片 9 枚，每轮 3 片，外轮薄革质，倒卵形，外面绿色，顶端有浅缺，内 2 轮纯白色，肉质。雌蕊群与聚合果均无毛。花期 4—5 月，果期 9—10 月。

海南木莲是海南特有种，生于海拔 300~1 200 米的溪边、密林中。

海南木莲是海南省特有的乡土树种之一，也是组成海南热带雨林的树种，当地人也称为龙楠树、绿楠或绿兰。它的树冠美观，花姿幽雅，适合作风景树、行道树或作庭荫树种。

海南出好木，海南木莲就是其中之一。它的材质坚硬，是水箱、高级家具、乐器等小巧工艺用材，被列为海南一类木材，十分名贵。周敏

莲叶桐

学名：*Hernandia sonora* L.
科属：莲叶桐科 莲叶桐属

　　莲叶桐是常绿乔木。树皮光滑。单叶互生，心状圆形，盾状，全缘，叶柄与叶片等长。雌雄同株。聚伞花序或圆锥花序腋生，花单性同株，两侧为雄花，花被片 6；中央的为雌花，花被片 8。核果包围在增大的肉质总苞内，苞顶凹，直径 3~4 厘米。由于自然繁殖更新能力极差，目前该树在我国只有台湾和海南两个地方存活。

　　莲叶桐是一种珍稀濒危的海滨植物，是珊瑚礁海岸林代表树种，在中国只有海南和台湾少量分布。它的叶柄着生在叶面中央偏下的位置，叶脉从叶面上向四周发散，与荷叶类似，故而被称作莲叶桐，在植物学上把这种叶的着生方式称为盾状着生。黑色的核果被包在黄色的蜡质总苞内，悬挂在树上好像一串串铃铛，这样的结构能帮助它的果实能长时间在海面上漂浮，不容易被海水侵蚀，一旦漂到沙滩或陆地上，便能生根发芽。这是许多滨海植物演化出来的独特本领，我们也称之为海漂植物。它的全株可入药。金宁

猴欢喜

学名：*Sloanea sinensis* (Hance) Hemsl.
科属：杜英科 猴欢喜属

猴欢喜为常绿乔木，高达 20 米。幼枝无毛。叶薄革质，长圆形或窄倒卵形，侧脉 5~7 对，两面无毛，近全缘；叶柄长 1~4 厘米，无毛。花簇生枝顶叶腋；花梗长 3~6 厘米；萼片 4 枚，宽卵形，被柔毛；花瓣 4 枚，白色，先端撕裂有缺齿；雄蕊与花瓣等长；子房被毛。蒴果直径达 2~5 厘米，成熟后开裂成 3~7 片，蒴果表面的针刺长 1~1.5 厘米，内果皮紫红色。花期 9—11 月，果期翌年 6—7 月。

猴欢喜这个名字十分有趣，一种说法是果实成熟时，野外的猴子以为是板栗，个个抢着去采摘，准备饱餐一顿，谁知剥开后很多果荚里面是空的，落了空欢喜一场，因此得名"猴欢喜"。还有一种说法是果实表面有一层毛就像猴毛，成熟的果实自然开裂后，就像猴子咧嘴大笑的样子，所以就叫"猴欢喜"了。不管原因是哪个，这个独具特色的名字都很容易记住，对不对？

一、地区特色植物

　　猴欢喜产于我国广东、海南、广西、贵州、湖南、江西、福建、台湾和浙江。越南有分布。周敏

猴面包树

学名：*Adansonia digitata* L.
别名：波巴布树、猢狲木或酸瓠树
科属：木棉科 猴面包树属

　　猴面包树是大型落叶乔木，主干短，分枝多。花叶集生于枝顶，小叶长 5 厘米，长圆状倒卵形，急尖，上面暗绿色发亮，无毛或背面被稀疏的星状柔毛，长 9~16 厘米，宽 4~6 厘米；叶柄长 10~20 厘米。

　　猴面包树树冠巨大，树杈千奇百怪，酷似树根，树形壮观，果实巨大如足球，甘甜汁多，是猴子、猩猩、大象等动物最喜欢的食物。当它果实成熟时，猴子就成群结队而来，爬上树去摘果子吃，"猴面包树"的称呼由此而来。

　　猴面包树是地球上最古老且独特树种之一，只分布在非洲大陆和北美部分地区等，体形看上去像个大胖子，故被当地人称为"大胖子树""树中之象"。猴面包树还是植物界的老寿星之一，即使在热带草原那种干旱的恶劣环境中，其寿命仍可达 5 000 年左右。据有关资料记载，18 世纪，法国著名的植物学家阿当松在非洲见到一些猴面包树，其中最老的一棵已活了 5 500 年。由于当地民间传说猴面包树是"圣树"，因此受到人们的保护。猴面包树适合在热带地区生长，在福建、台湾、海南、广东、云南有少量栽培。阿珠

红毛丹

学名：*Nephelium lappaceum* L.
别名：韶子、毛龙眼、毛荔枝
科属：无患子科 韶子属

　　红毛丹是常绿乔木，高 10 余米，果椭圆形，红黄色，连刺长约 5 厘米，宽约 4.5 厘米，刺长约 1 厘米。花期夏初，果期秋初。

　　红毛丹原产于马来半岛。东南亚各国有种植，美国夏威夷和澳大利亚也有栽培。泰国红毛丹有"果王"之称。中国的台湾、海南有种植，云南西双版纳有野生红毛丹。

　　"毛丹满树红，毛丹树下遍地红，缤纷艳艳，画意浓。毛丹丛里有村童，毛丹丛下有村童，摘摘吃吃，微雨中。"就像诗人吴岸这首诗中一样，八月的三亚又到了红毛丹红的时候了。

　　红毛丹在中国种植面积较少。内地较少看到。八月，在三亚街头，大大小小的水果摊都会摆上了毛茸茸的红毛丹，层层叠叠，红通通的煞是抢眼。

　　红毛丹是热带水果，与果王榴梿、果后山竹一样驰名。红毛丹名字的意思是毛茸茸的像仙丹一样的果子。成熟的毛丹果并非都是红色的，也有黄色，金灿灿的果子，真可爱。但红毛的居多，东南亚的华人习惯称它为红毛丹，这个名字既雅致又好记。

　　红毛丹就像长毛的荔枝，口感跟荔枝接近，吃法和荔枝也很像，果肉也很像。马来语的名字叫 rambutan，中文直译是"头发结的果子"。

阿珠

木麻黄

学名：*Casuarina equisetifolia* Forst.
科属：木麻黄科 木麻黄属

木麻黄树高达 30 米。树干通直。树皮深褐色，不规则条裂。小枝绿色，代替叶的功能，叫叶状枝。叶退化呈鳞片状，每节着生鳞片状叶 6~8 枚。花单性，同株或异株。聚合果椭圆形，外被短柔毛。小坚果具翅。花期 4—5 月，果期 7—10 月。

陈玄达 摄

木麻黄在台湾、海南沿海地区普遍栽植，已渐驯化。原产于澳大利亚和太平洋岛屿。其生长迅速，萌芽力强，对生长条件要求不高，且具有耐干旱、抗风沙和耐盐碱的特性，因此成为热带海岸防风固沙的优良先锋树种。木麻黄木材坚重，可作枕木、船底板及建筑用材，枝叶可药用，治疝气、阿米巴痢疾及慢性支气管炎，幼嫩枝叶也常作牲畜饲料。任磊

陈玄达 摄

陈玄达 摄

一、地区特色植物

可可

学名：*Theobroma cacao* L.
科属：梧桐科 可可属

可可是常绿乔木，高可达 12 米。花瓣 5，淡黄色，稍长于花萼，下部盔状并骤窄而反卷；退化雄蕊线状，发育雄蕊与花瓣对生。核果椭圆形或长椭圆形，种子卵圆形，稍扁。花期几乎全年。

海南及云南南部有栽培。原产于美洲中部及南部，现广泛栽培于全世界热带地区。

可可为世界三大饮料植物之一（其他两种为咖啡、茶），原产于美洲热带，中国于 1922 年在台湾南部开始引种，现在海南东南部和云南南部有栽培。种子经过发酵、焙炒后，可做饮料和巧克力糖，营养丰富，味醇且香，具有兴奋和滋补作用。

可可从南美洲外传到欧洲、亚洲和非洲的过程是曲折而漫长的。16 世纪前可可还没有被生活在亚马孙平原以外的人所知，那时它还不是可可饮料的原料。因为种子十分稀少珍贵，所以当地人把可可的种子（可可

豆）作为货币使用，名叫"可可呼脱力"。16世纪上半叶，可可传到墨西哥，接着又传入巴西南部，很快为当地人所喜爱。他们采集野生的可可，把种仁捣碎，加工成一种名为"巧克脱里"（意为"苦水"）的饮料。16世纪中叶，欧洲人来到美洲，发现了可可并认识到这是一种宝贵的经济作物，他们在"巧克脱里"的基础上研发了可可饮料和巧克力。16世纪末，世界上第一家巧克力工厂由当时的西班牙政府建立起来，可是一开始一些贵族并不愿意接受可可做成的食物和饮料，甚至到18世纪，英国的一位贵族还把可可看作是"从南美洲来的痞子"。可可定名很晚，直到18世纪瑞典的博学家林奈才为它命名，种加词是"可可树"。后来，由于巧克力和可可粉在运动场上成为最重要的能量补充剂，发挥了巨大的作用，人们便把可可树誉为"神粮树"，把可可饮料誉为"神仙饮料"。阿珠

陈玄达 摄

陈玄达 摄

土坛树

学名：*Alangium salviifolium* (L.f.) Wangerin
别名：割舌罗
科属：八角枫科 八角枫属

  土坛树是落叶乔木或灌木，高约 8 米。叶厚纸质或近革质，倒卵状椭圆形，顶端急尖而稍钝，基部阔楔形或近圆形，全缘，侧脉 5~6 对。聚伞花序 3~8 生于叶腋，常花叶同时开放；花白色至黄色，有浓香味；雄蕊 20~30，花丝纤细。核果卵圆形或椭圆形，幼时绿色，成熟时由红色至黑色。花期 2—4 月，果期 4—7 月。分布于广东、海南、广西沿海地区。

  比起土坛树这个名字，在海南，别名"割舌罗"更被人们广泛熟知。这是因为通常吃其果实 10 余个即可使舌头表皮脱落、出血，感觉如同舌头被利器划伤一样，原因就在于它的果实和树皮含某种蛋白酶。但香甜可口的果实仍然不时吸引着孩子们去冒险。在许多地方，人们会先将果实浸泡在盐水里一段时间后再吃，能缓解或避免舌头被割流血的情况。土坛树还是一种很有用的药材，用其叶煎汤内服或适量捣碎外敷，可祛风除湿、活血止痛。主风湿痹痛、跌打损伤等症。此外它的木材质地坚硬，纹路细且奇妙，古人用它制作床椅，使用越久越光亮，是一种上乘的木材。金宁

红厚壳（琼崖海棠）

学名：*Calophyllum inophyllum* L.
别名：琼崖海棠
科属：藤黄科 红厚壳属

红厚壳是乔木，高 5~12 米；树皮厚，灰褐色或暗褐色，有纵裂缝，创伤处常渗出透明树脂；幼枝具纵条纹。叶片厚革质，宽椭圆形或倒卵状椭圆形。总状花序或圆锥花序近顶生，有花 7~11；花白色，微香；花梗长 1.5~4 厘米；花萼裂片 4 枚，外面 2 枚较小，近圆形，顶端凹陷，里面 2 枚较大，倒卵形，花瓣状；花瓣 4，倒披针形，顶端近平截或浑圆，内弯；雄蕊极多数，花丝基部合生成 4 束；子房近圆球形，花柱细长，蜿蜒状，柱头盾形。果圆球形，成熟时黄色。花期 3—6 月，果期 9—11 月。

红厚壳产于我国海南、台湾，野生或栽培于海拔 60~100 米的丘陵空旷地和海滨沙荒地上。

红厚壳种子含油量为 20%~30%，种仁含油量为 50%~60%，油可供工业用，加工去毒和精炼后可食用，也可供医药用；红厚壳木材质地坚实，较重，心材和边材差别不明显，能耐磨损和海水浸泡，不受虫蛀食，适用作造船、桥梁、枕木、农具及家具等用材；为半红树种，较耐盐碱，树皮含单宁 15%，可提制栲胶。陈玄达

一、地区特色植物

红花天料木

学名：*Homalium ceylanicum*（Gardn.）Benth.
别名：高根、红花母生、母生、山红罗
科属：刺篱木科 天料木属

红花天料木是乔木，高达25米。幼枝无毛。叶长圆形或椭圆状长圆形。总状花序腋生，长5~15厘米，花序轴被柔毛，花3~4簇生，花瓣背面粉红色，腹面粉白色。花期6月至翌年2月，果期6月至翌年3月。

红花天料木是海南热带山地雨林和热带沟谷雨林树种，多分布于海拔800米以下的山腰下部和沟谷及其外围丘陵。在广东、福建、广西等地引种，生长尚好，大部分地区已开花结实。

红花天料木的海南话名称是母生，是海南五大特类木材之一，属于海南省重点保护植物。它的树干可作为横梁用于建房。它的木材红褐色，结构坚硬而具韧性，切面光滑，干燥时不翘不裂。它抗虫耐腐，主要用于造船、车辆、家具、水工及细木工等。

在海南省农村，母生曾是一种广为种植的树种，这是因为母生萌芽力很强的缘故。母生长大成材被砍伐后，会有许多幼苗从树桩根部萌发出来，所以被称作母生。在萌发的这些幼芽中，有3~6条能够长成大树，因此，母生越砍越长，而且会长得越来越快。一株母生种下去，可以供数代人砍伐。以前，很多海南老百姓在生得女儿后，都会在庭院里种植数量不等的母生，为女儿长大出嫁打制嫁妆准备木材。阿珠

认识中国植物 海岛分册

一、地区特色植物

橡胶树

学名：*Hevea brasiliensis* (Willd. ex A. Juss.) Muell. Arg.
别名：巴西橡胶、三叶橡胶、橡皮树
科属：大戟科 橡胶树属

　　橡胶树是落叶乔木，春季开绿色小花，单性，雌雄同株。由多个聚伞花序组成腋生的圆锥花序，每聚伞花序的中央花为雌花，其余为雄花。橡胶树原产于南美亚马孙河流域，主产于巴西，其次是秘鲁、哥伦比亚等国。中国早自1904年以来，分别引进到云南、广西、海南、福建和台湾等地海拔在500米以下的平地、台地或山丘栽培。

　　橡胶一词，来源于印第安语"cauchu"，意为"流泪的树"。制作橡胶的主要原料是天然橡胶，天然橡胶就是由橡胶树割胶时流出的胶乳经凝固及干燥而制得的。

　　随着南美洲橡胶种植业的衰败，亚洲成为世界上最大的橡胶树种植区域。马来西亚更是取代巴西成为新的橡胶王国。到了1939年，第二次世界大战再一次推高了对橡胶的需求，同时也隔断了正常的橡胶贸易。由于人工合成橡胶无论是产量和品质都比不上天然橡胶，几大参战国不得不想办法寻找天然橡胶的来源。美国依靠巴西的残余产能苦苦支撑，德国和苏联则尝试从其他产生胶乳的植物来获取橡胶，日本则是对离自己不远的产胶国产生了"浓厚兴趣"。在当时的日本军队内部，对于战争策路的选择有两大派，主张进攻苏联的北上派和主张进攻东南亚和南亚的南下派。最终，对于资源，特别是橡胶资源的渴望使得南下派压倒了北上派。为了实现南下的目标，日本必须打败当时控制着太平洋的美国海军。为此，日本发动了对美国珍珠港的偷袭，试图短期内瘫痪美国的太平洋舰队。而偷袭珍珠港最终将世界第一强国美国拖入了战争，美国的强大实力成为同盟国最终取得第二次世界大战胜利的坚实基础。很大程度上，橡胶树的诱惑导致日本选择了一条错误的战争策路，并最终使得正义的一方取得了战争的胜利。橡胶树对历史发展起到了重要作用。阿珠

香榄

学名：*Mimusops elengi* L.
别名：依朗、依朗芷、硬胶、依朗芷硬胶、牛乳树
科属：山榄科 依朗芷硬胶属

依朗、依朗芷两个别名，是其拉丁学名的音译；硬胶、依朗芷硬胶指它可供提取的物质；而香榄、牛乳树主要是形容果实，其浆果长卵状，熟时橙黄色，类似橄榄果，又如奶牛的乳头，故名。

香榄为常绿乔木，其树叶片宽大、翠绿，树冠圆球形，树形优美。开白色小花，布满全树，形状如洁白小睡莲，花幽香，可熏衣和提取香精。果实嫩时绿色，熟后橙黄色，一串串挂在枝头，黄绿搭配，非常美丽。该树原产于印度半岛，我国 1962 年从印度尼西亚引种，在海南的三亚、那大等地栽培，生长良好。后推广至海南全省，目前已作为海南省 100 种主要的行道树种之一进行开发利用。

山榄科有很多具有经济价值的植物，一些植物髓部、皮层及叶常有乳管，破裂后有乳汁流出，香榄即为其中之一，树木可提取硬橡胶，供制作优良的绝缘材料。胡冬平

陈玄达 摄

陈玄达 摄

陈玄达 摄

一、地区特色植物

倒吊笔

学名：*Wrightia pubescens* R.Br.
别名：九龙木、墨柱根、章表根、苦常
科属：夹竹桃科 倒吊笔属

倒吊笔是乔木。树皮黄灰褐色，浅裂；枝圆柱状，小枝被黄色柔毛，老时毛渐脱落，密生皮孔。叶坚纸质，每小枝有叶片3~6对，叶面深绿色，被微柔毛，叶背浅绿色，密被柔毛；叶脉在叶面扁平。聚伞花序；萼片阔卵形或卵形，顶端钝，比花冠筒短，被微柔毛，内面基部有腺体；花冠漏斗状，白色、浅黄色或粉红色；副花冠分裂为10鳞片，呈流苏状，比花药长或等长。种子线状纺锤形，黄褐色，顶端具淡黄色绢质种毛；种毛长2~3.5厘米。花期4—8月，果期8月至翌年2月。

陈玄达 摄

倒吊笔为阳性树，常见于海拔300米以下的山麓疏林中，在密林中不常见。宜生于土壤深厚、肥沃、湿润而无风的低谷地或平坦地。分布于印度、泰国、越南、柬埔寨、马来西亚、印度尼西亚、菲律宾和澳大利亚。在国内产于广东、海南、广西、贵州和云南等省区。散生于低海拔热带雨林中和干燥稀树林中。

倒吊笔木材纹理通直，结构细致，材质稍软而轻，加工容易，干燥后不开裂、不变形，适于作轻巧的上等家具、铅笔杆、雕刻图章、乐器用材。树皮纤维可制人造棉及造纸。树形美观，庭园中可栽培观赏。张炜琪

017

台湾相思

学名: *Acacia confusa* Merr.
科属: 含羞草科 金合欢属

台湾相思是常绿乔木，高 6~15 米。虽然是豆科的一员，但却没有羽状复叶，它的羽状复叶只在小时有，当成为大树时，满树都成为镰刀状的假叶了，这种假叶其实是它的叶柄，称为叶状柄。

台湾相思花金黄色，形状像一个个金黄色的小绒球，盛花之时，满树金黄，几乎把碧绿的叶子都掩盖掉了，十分壮观。微风吹来，黄色花粉如雾般吹落。相思花开放之时，树下路过，芬芳扑鼻，是一种观赏性十分强的树种。台湾相思一般只在华南及闽台等地有分布，其果实带点青褐色，扁扁的，一点也不起眼。

台湾相思树生长迅速，耐干旱，广泛分布于我国华南地区的低海拔丘陵及野外，成为华南地区荒山造林、水土保持和沿海防护林的重要树种。

胡冬平

一、地区特色植物

海南红豆

学名：*Ormosia pinnata* (Lour.) Merr.
科属：蝶形花科 红豆属

海南红豆是常绿乔木，奇数羽状复叶，小叶3~4对，薄革质，披针形。圆锥花序顶生，花冠粉红色而带黄白色。荚果成熟后橙黄色，远看像一个个吊着的花生，每个荚果有椭圆形的种子1~4粒，外果皮红色。花期7—8月。

海南红豆是原产于海南的一种乔木，它的树冠整齐圆滑，叶色浓绿，具光泽，夏季形成浓密的绿荫，春季嫩叶萌发时呈柠檬黄或粉红色，继而转淡黄色，持续时间达2~3个月。其花色淡雅，果实珍奇，种子鲜红欲滴，非常引人注目，观赏性非常强，因而被当作行道树、庭荫树广泛栽培于华南地区。它的荚果裂开后会露出鲜红色的种子。种子时常被人做成手链、项链等首饰，作为表达爱情和友谊的纪念品。它的木材纹理通直，心材淡红棕色，边材淡黄棕色，材质稍软，易加工，但不耐腐，可作一般家具和建筑的用材。金宁

陈少平 摄

陈少平 摄

认识中国植物　海岛分册

一、地区特色植物

酸豆

学名：*Tamarindus indica* Linn.
别名：酸角、罗望子
科属：苏木科 酸豆属

酸豆是常绿乔木；树皮暗灰色，不规则纵裂。偶数羽状复叶，互生，有小叶10~20余对，小叶长圆形，先端圆钝或微凹。花序生于枝顶，总状花序，花黄色或杂以紫红色条纹；花瓣倒卵形，边缘波状，皱折，仅后方3片发育。荚果圆柱状长圆形，肿胀，棕褐色，不开裂；种子褐色，有光泽。花期5—8月，果期12月至翌年5月。

原产于非洲东部的酸豆是一种热带果木，因荚果带酸味而得名。它的果肉味酸甜，可生食或熟食，也可做蜜饯或制成各种调味酱及泡菜；酸豆果肉富含糖、醋酸、酒石酸、蚁酸、柠檬酸等成分，在食品领域主要用来做调味品、饮料、果酱等，产品深受消费者喜爱。在云南，酸豆也被加工成酸角糕，酸甜爽软，十分可口，能促进肠胃消化，去除口气，可也清暑热，化积滞。它的干粗树冠大，抗风力强，适于海滨地区种植，是海南三亚的市树。它材质重而坚硬，纹理细致，用于建筑、制造农具、车辆和高级家具。 金宁

陈玄达 摄

陈玄达 摄

油楠

学名: *Sindora glabra* Merr. ex de Wit
科属: 苏木科 油楠属

油楠是常绿阔叶乔木,高 8~20 米,树干挺拔,高大魁梧。叶子为偶数羽状复叶,小叶 2~4 对;小叶对生而微偏斜,革质,椭圆形或长椭圆形,先端急尖或骤尖,基部钝形或圆,无毛。花期 4—5 月,果期 6—8 月。

油楠是木本燃油之树,为珍贵的能源树种,国家二级保护珍稀树种。其树干木质内含有一种淡棕色可燃性油质液体,气味清香,颜色如同煤油,可燃性能与柴油相似,经过滤后可直接供柴油机使用。林业工人和当地居民常用来点灯照明,叫它"煤油树"。

一般油楠从树苗到成品树需要 5 年左右的时间,成品树产量和出油率特别高,是值得推广的一个优良树种。能源专家们已经预言,21 世纪将是石油农业新星耀眼的时代。在这种背景下,油楠因其高含油量和管理粗放、转化工艺简单的特点,势必成为柴油生物发展中的重点。**胡冬平**

一、地区特色植物

辣木

学名：*Moringa oleifera* Lam.
科属：辣木科 辣木属

辣木是落叶乔木，原产于印度，现广植于各热带地区。我国南方引种栽培供观赏。

辣木因根有辛辣味而得名。叶通常为三回羽状复叶，羽片 4~6 对，基部具线形或棍棒状腺体；小叶 3~9 片，薄纸质，顶端的一片较大。圆锥花序腋生，花序广展，长 10~30 厘米；花瓣 5 枚，白色芳香，直径约 2 厘米，远轴的一枚大而直立，其他 4 枚外弯；雄蕊和退化雄蕊各 5 枚，基部有毛；子房有毛。蒴果下垂，长可达 50 厘米。花期全年，果期 6—12 月。

辣木在热带地区生长速度非常快，其叶片蛋白质含量极高，可随时采摘食用。在东南亚地区，辣木的嫩叶常作为时蔬在菜市场出售。辣木还是联合国粮农组织推荐的多年生粮食作物之一，用于解决欠发达地区的粮食短缺问题，向非洲和南美洲等国家推荐种植。

2014 年，辣木更因国家主席习近平对古巴的访问而名声大噪，赢得了"万能植物"的美誉。因为辣木作为高营养食品深受老卡斯特罗的推崇，习主席此行就特意带上了一些辣木种子当作国礼呢。周敏

火烧花

学名：*Mayodendron igneum* (Kurz) Kurz
别名：缅木、火花树、炮仗花
科属：紫葳科 火烧花属

　　火烧花是常绿乔木，高可达 15 米，胸径 15~20 厘米；嫩枝具长椭圆形白色皮孔。大型奇数二回羽状复叶，长达 60 厘米，小叶卵形至卵状披针形，长 8~12 厘米，宽 2.5~4 厘米，顶端长渐尖，基部阔楔形，两面无毛。花序有花 5~13 朵，组成短总状花序，着生于老茎或侧枝上，花序梗长 2.5~3.5 厘米。花萼佛焰苞状，外面密被微柔毛。花冠橙黄色至金黄色，筒状，基部微收缩，檐部裂片 5，半圆形，反折。花药及柱头微露出花冠管外。常在树干或老枝上开放，如熊熊燃烧的火焰，故名火烧花。蒴果长线形，下垂，木栓质。种子卵圆形，具白色透明的膜质翅。花期 2—5 月，果期 5—9 月。

　　火烧花分布于越南、老挝、缅甸、印度，在中国的台湾、广东、广西、云南也有分布。

　　火烧花一般先开花，后发叶，花朵开在树茎和侧枝上，属典型的老茎生花。开花繁茂热烈，花色橙红靓丽，艳而不俗，花姿柔美悦目，朵朵小花像一个个正在演奏的小喇叭，是公园、庭院、街道、风景区的优良园林风景树种。刘蕾

一、地区特色植物

葫芦树

学名：*Crescentia cujete* Linn.
别名：炮弹果、瓠瓜木、红锣
科属：紫薇科 葫芦树属

葫芦树为乔木。主干通直；枝条开展，分枝少。叶丛生，2~5 枚，大小不等，阔倒披针形，长 10~16 厘米，宽 4.5~6 厘米，顶端微尖，基部狭楔形，具羽状脉，中脉被棉毛。花单生于小枝上，下垂。花萼 2 深裂，裂片圆形。花冠钟状，微弯。原产于美洲热带地区。我国广东（广州）、福建、台湾（竹头角）等地有栽培。

因为葫芦树的果实很像古代火炮使用的炮弹，所以也叫炮弹果；同时，因为果实长得也像葫芦，所以也有葫芦瓢树的称呼。葫芦树的果实很大，长 18~20 厘米，简直像个大西瓜，不过它的外壳可比西瓜要坚硬多了。人们将成熟的炮弹果内部挖空后，可以壳作碗、杯或盛水容器，就像用葫芦作瓢一样，它也因此得名。张炜琪

陈玄达 摄

一、地区特色植物

学名：*Mangifera indica* L.
别名：马蒙、抹猛果、望果、蜜望、蜜望子、莽果
科属：漆树科 杧果属

杧果是常绿大乔木，高10~20米；树皮灰褐色，细纵裂，小枝较粗，褐色。单叶互生，全缘革质，常集生枝顶，叶形和大小变化较大，通常为长圆形或长圆状披针形，长12~30厘米，宽3.5~6.5厘米，先端渐尖或长渐尖，基部楔形，叶缘波状，叶面略具光泽深绿色，叶底浅绿色，侧脉15对或以上，斜升，两面突起；叶柄长2~6厘米，具槽，基部膨大。圆锥花序长20~35厘米，多花密集，被灰黄色微柔毛，分枝开展；花小，杂性，黄色或淡黄色；花瓣长圆形或长圆状披针形，长3.5~4毫米，宽约1.5毫米，里面具3~5条棕褐色突起的脉纹；花盘膨大，肉质；雄蕊仅1个发育，长约2.5毫米。核果大，肾形（栽培品种其形状和大小变化极大），侧扁，长5~10厘米，宽3~4.5厘米，果核坚硬。花期2—5月，果期7—8月。

杧果原产于印度、孟加拉、马来半岛和印度尼西亚。中国云南、广西、广东、福建、台湾、海南有种植。

　　杧果树冠球形，浓密美观，郁闭度大，新叶红色，别有一番气质，为热带良好的庭园和行道树种，有时候种植杧果树是为了给其他作物遮阴。杧果果实椭圆滑润，肉质细腻，气味香甜，汁多味美，含有丰富的糖、维生素、蛋白质、人体必需的微量元素，有"热带水果之王"的美称，还可以制作多种加工食品，如果酱、果汁、蜜饯、脱水杧果片、盐渍或酸辣杧果等。刘蕾

一、地区特色植物

腰果

学名：*Anacardium occidentale* L.
别名：槚如树、鸡腰果、介寿果
科属：漆树科 腰果属

腰果是小乔木或灌木，高达10米。圆锥花序长10~20厘米，多花，密被锈色微柔毛。果托梨形，鲜黄色或紫红色，长3~7厘米，直径4~5厘米。适于低海拔的干热地区栽培。腰果原产于美洲热带地区，现在全球热带地区广为栽培。我国云南、广西、海南、广东、福建及台湾等地有栽培。

腰果与榛子、核桃、杏仁，被人们称为"世界四大坚果"。因其坚果呈肾形而得名。它的食用部分是着生在假果顶端的肾形部分，长约25毫米，青灰色至黄褐色，外表是坚硬的果壳，里面包着种仁，种仁供食用。

腰果中的维生素和微量元素起到软化血管的作用，对保护血管、防治心血管疾病大有益处；腰果含有丰富的油脂，可以润肠通便，润肤美容，延缓衰老；经常食用腰果可以提高机体抗病能力、增进食欲，使体重增加；腰果中维生素B_1有补充体力、消除疲劳的效果，适合易疲倦的人食用。阿珠

嘉宝果

学名：*Myrciaria cauliflora* Berg
别名：树葡萄、拟爱神木
科属：桃金娘科 嘉宝果属

嘉宝果是常绿灌木或小乔木，高 2~5 米，树干光滑，树皮浅灰色，老旧树皮会呈薄片状脱落，脱落后留下亮色斑纹。叶对生，全缘，叶柄短，有茸毛，叶片革质，深绿色有光泽，披针形或椭圆形，先端锐尖。花单生或簇生于枝干，聚伞花序，花小，白色，雄蕊多数，花粉淡黄色。浆果，圆球形或略扁，成熟时由绿色转为紫黑色，直径约 2 厘米，种子 1~4 粒。

嘉宝果原产于巴西。在我国海南和台湾地区有种植。

嘉宝果果实似葡萄，故又称树葡萄。其生长速度缓慢，小苗栽种 10 年后才能结果，但生命力顽强，百年老树仍可结果。一年可多次开花结果，在同一株树上果中有花，花中有果，熟果中有青果，这种奇特的熟果、青果、花夹杂生长的景观颇为让人惊奇。白花密生，清香。成熟的果实圆润，表皮结实光滑，果皮含花青素故呈紫黑色，含单宁酸，所以有涩味。果肉半透明，香甜多汁而微酸。鲜果除了可以生吃外，也可加工成果汁、果冻、蜜饯、果酱，酿的嘉宝果酒风味似红葡萄酒。

嘉宝果树姿优美，易于造型，生长缓慢，适用于制作盆景，四季常绿，满树紫黑色的果实，很是壮观，是集观赏、食用、医药、木材、园林绿化多功能于一体的珍稀果树，值得推广。刘蕾

一、地区特色植物

红树

学名：*Rhizophora apiculata* Bl.
科属：红树科 红树属

红树之名光从外形上很难理解，因为它们表面上看来和普通常绿树种几乎没什么两样，同样的绿叶满树，秋天叶子也不会红。红树的秘密，在于其体内富含"单宁酸"，被砍伐后氧化变成红色，才被称为"红树"。

作为本属的"属长"，红树具有该科植物的很多共同特征：胎生，能长出许多支柱根和呼吸根。一条条支柱根，从树枝上向下长出，直插海滩淤泥中，全力支撑着浓密的树冠，成为抵御风浪的稳固支架，靠

着这些特殊的本领，它在海滩上顽强地生活着。叶革质，有利于锁住水分，椭圆形至矩圆状椭圆形，顶端短尖或凸尖，基部阔楔形，中脉下面红色，侧脉干燥后在上面稍明显；叶柄粗壮，淡红色。总花梗着生于已落叶的叶腋，比叶柄短，有花2朵，花果期几全年。

红树生于海浪平静、淤泥松软的浅海盐滩或海湾内的沼泽地。在淤泥冲积丰富的海湾两岸盐滩上生长茂密，常形成单种优势群落。它不耐寒，也不堪风浪冲击，故常生于有屏障的地方，在风浪平静的海湾亦能分布至海滩最外围，与其他红树林树种一起构成红树群落的外围屏障。胡冬平

海榄雌

学名：*Avicennia marina* (Forsk.) Vierh.
科属：马鞭草科 海榄雌属

海榄雌是常绿灌木或小乔木，多生长于海边和盐沼地带的污泥之中，是组成海岸红树林的植物种类之一。

海榄雌有较为发达的支柱根和特殊的呼吸根，呼吸根高 8~10 厘米，每平方米可多达 500 条，这是对海滩常受潮水浸淹、土壤缺乏空气的一种适应。枝条有隆起条纹，小枝四方形，光滑无毛。

叶片革质，近无柄，卵形至倒卵形、椭圆形，顶端钝圆，基部楔形，表面无毛，有光泽，背面有细短毛，主脉明显，侧脉 4~6 对。聚伞花序紧密成头状，花冠黄褐色，顶端 4 裂，外被茸毛，雄蕊 4，着生于花冠管内喉部而与裂片互生，花丝极短。果近球形，直径约 1.5 厘米，有毛。花果期 7—10 月。

果实浸泡去涩后可炒食，也可作饲料，还可治痢疾。胡冬平

陈玄达 摄

陈玄达 摄

一、地区特色植物

海莲

学名：*Bruguiera sexangula* (Lour.) Poir.
科属：红树科 木榄属

海莲是乔木或灌木，生长于滨海盐滩或潮水到达的沼泽地，未见有纯林，多散生于秋茄树的灌丛中。

海莲叶集生于枝顶，矩圆形或倒披针形，两端渐尖，稀基部阔楔形，中脉橄榄黄色，侧脉上面明显，下面不明显；花单生于长花梗上，花萼鲜红色，微具光泽，萼筒有明显的纵棱，常短于裂片，裂片尖齿状，张开的样子好像一只八爪鱼。海莲和同属的木榄样子很像，主要区别就看萼筒是否有棱，有棱的是海莲，平滑的是木榄。

海莲花花瓣金黄色，裂片顶端钝形，向外反卷，花柱红黄色，有3~4条纵棱，花果期秋冬季至次年春季。花蕊受精凋落之后，花柱位置渐渐会长出果实来，形状和秋茄类似，胚轴长20~30厘米，也属于在母体树上萌发的胎生品种，第二年萌发成熟之后，掉落于泥涂之中，扎根长成小苗。胡冬平

海桑

学名：*Sonneratia caseolaris* (L.) Engl.
科属：海桑科 海桑属

海桑是乔木，高 5~6 米，产于海南省的琼海、万宁、陵水；生于海边泥滩，植株数量极少，因其盐生性和适应干旱的特殊生理结构，对今后研究盐生植物树林的植物区系有科学意义。

海桑树冠之下的地表上，密布着笋状呼吸根，因而比较耐水淹，对土壤适应性强，土质质地由粉壤到黏土均能正常生长。叶对生，厚革质，椭圆形。花非常有特色，具短而粗壮的梗，萼筒绿色，平滑无棱，看起来很厚实的样子，未开放之前，紧紧包裹着里面的整朵花。海桑花瓣条状披针形，暗红色，基本被花萼片盖住，不太看得见；最明显的是雄蕊和雌蕊，雄蕊花丝粉红色或上部白色，下部红色，含苞之时，好似一团粉红色的粉丝蜷缩在萼片里面，绿色雌蕊孤独一根远远伸出花冠之外，等雄蕊也展开的时候，无数根花丝现于眼前。海桑的嫩果有酸味，可食用。

海桑的种植种群一般为集群分布，防风防浪效果很好，红树林之中常见栽种。海桑木材为装饰和建筑用材，呼吸根置水中煮沸后可作软木塞的代用品。**胡冬平**

一、地区特色植物

木果楝

学名：*Xylocarpus granatum* Koenig
别名：海柚
科属：楝科 木果楝属

木果楝是一种生长在热带海岸边的红树植物，广泛分布于印度、澳洲、大洋洲斐济、非洲及东南亚各国，在我国仅分布于海南，由于数量较为稀少，它被列为国家三级保护植物。它的叶为羽状复叶，革质，花瓣4片，花萼4裂，看上去就是典型的楝科植物花朵的构造。

不过最引人瞩目的当属它那硕大如拳头的果实。它的果实成熟时直径可达10~15厘米，是国内红树植物里果实最大的，外表看起来像核桃，又像柚子，因而也有"海柚"的别名。种子大而有棱，海绵状的种皮能帮助它适应长时间漂浮在海面上，这也是许多红树植物或滨海植物特有的一个独门绝技。

据研究，它的果实、根和皮均有抗菌、消肿、消炎、清热等功效。印度和东南亚各国居民用其治疗腹泻、霍乱以及由疟疾引起的发热。此外，它的木材为赤色，较坚硬，可作为车辆、家具、农具、建筑等用材。金宁

海漆

学名: *Excoecaria agallocha* Linn.
科属: 大戟科 海漆属

海漆是常绿灌木至小乔木,高 2~3 米,全株含乳汁。叶互生,近革质,叶片椭圆形,深绿色,两面光滑无毛;花单性,雌雄异株,雄花柔荑花序,雌花聚集成腋生的总状花序。蒴果球形,种子黑色,球形。分布于广西南部、广东南部、海南、台湾。生长于滨海潮湿处。花果期 1—9 月。

海漆是生长在热带海滨的一种红树林植物,多散生于高潮带以上的红树林内缘。与大戟科的许多植物一样,海漆全株富含白色有毒的乳汁,因此也有"牛奶红树"的别名。乳汁具有腐蚀性,触及皮肤会发炎、红肿,入眼可致暂时失明,严重的可致永久失明。海漆还是一种重要的药用红树植物,具有较高的经济价值和生态价值,可用于治疗便秘、溃疡、手足肿毒等症。在台

陈玄达 摄

湾，由于其木材燃烧后会散发出类似沉香的味道因而被当作沉香代用品，还用于建筑、包装箱、渔具等。海漆与华南非常常见的园林植物红背桂是同属植物。金宁

认识中国植物 海岛分册

秋茄树

学名：*Kandelia obovata* Sheue et al.
科属：红树科 秋茄树属

秋茄树在台湾又名水笔仔，是一种大名鼎鼎的红树林植物。

秋茄树作为红树林的主力树种之一，是一种有趣的"胎生"植物。五六月时开着海星般白色丝状的花朵，花谢后便长出圆锥状的果实。果实成熟后不会立即掉落，会慢慢发育成笔状胎生苗，因末端如笔状，故称之为水笔仔。胎生苗从母株吸收营养，并利用胚颈上的皮孔呼吸，成熟后脱离母树落入泥滩地，尖长的胎苗插入泥中生根，未插入泥中的胎苗，会随潮水四处漂流，遇到合适的条件下则定着生根。

秋茄树喜生于海湾淤泥冲积深厚的泥滩，它既适于生长在盐度较高的海滩，又能生长于淡水泛滥的地区，且能耐淹，往往在涨潮时淹没过半或几达顶端而无碍，在海浪较大的地方，其支柱根特别发达，但生长速度中等，15年生的树仅高3.5米。胡冬平

一、地区特色植物

海滨木巴戟

学名: *Morinda citrifolia* L.
别名: 海巴戟、海巴戟天、橘叶巴戟
科属: 茜草科 巴戟天属

海滨木巴戟是灌木至小乔木,高 1~5 米;茎直,枝近四棱柱形;叶交互对生,长圆形;头状花序每隔一节一个,与叶对生;花多数,无梗;花冠白色,漏斗形;聚花核果浆果状,卵形。花果期全年。

海滨木巴戟生于海滨平地或疏林下。产于我国台湾、海南岛及西沙群岛等地。分布北自印度和斯里兰卡,经中南半岛,南至澳大利亚北部,东至波利尼西亚等广大地区及其海岛。

巴戟天属植物的最大的特点就是它们的果实,一般为聚花核果。其果实与桑葚相像,由整个花序发育而成。但海滨木巴戟的果实并不如桑葚那般诱人,它像一个布满麻点的肉瘤,幼时绿色,成熟后渐变成乳白色。果实大小如鸡蛋,质地较软,摸起来像一只肥大的虫子。海滨木巴戟的树冠优雅,叶片颀长,在热带是庭院中常见的绿植。它的果实可食,也可榨取果汁饮用。茎与根还可以提取橙黄色染料。在印度尼西亚民间,它的树皮还被作为一种药材。孙灏

水椰

学名：*Nypa fructicans* Wurmb.
科属：棕榈科 水椰属

水椰是棕榈科丛生乔木，根茎粗壮。叶羽状全裂，坚硬而粗，羽片整齐排列，线状披针形，长50~80厘米。花序1米或更长；雄花序葇荑状，着生于雌花序的侧边；雌花序头状（球状），顶生；果实核果状，褐色，发亮，长9~11厘米，略压扁而具六棱，外果皮光滑，中果皮肉质具纤维，内果皮海绵状。花期7月。

水椰是生长在热带海滨滩涂的一种棕榈科植物，同时也是棕榈科植物里唯一的一种红树植物，在我国仅在海南的三亚、陵水、万宁、文昌等地的沿海港湾泥沼地带有自然分布。水椰也有着与其他红树植物一样的"胎生"习性，即果实离开母体之前，种子已在果实内发芽，形成幼苗。果实离开母体后，会借助自身的重力下落，坠入泥沼之中，几小时后幼苗就能发育生根，长成一株幼树，大大地提高了繁殖的效率。同时它的果皮中富含纤维且呈海绵状，可以飘浮于海面随波逐流，一旦遇到合适的生活环境便能定居下来。此外水椰还是一种孑遗植物，远在4 000万~5 000万年前便在地球上生存了。栽种水椰还有防海潮、固堤、绿化出海口等作用。水椰被列为国家三级保护植物。 金宁

油棕

学名：*Elaeis guineensis* Jacq.
科属：棕榈科 油棕属

油棕是多年生单子叶植物，是热带木本油料作物。它植株高大，须根系，茎直立，不分枝，圆柱状。叶片羽状全裂，单叶，肉穗花序（圆锥花序），雌雄同株异序，果实属核果。油棕原产地在南纬10°至北纬15°、海拔150米以下的非洲潮湿森林边缘地区，主要产地分布在亚洲的马来西亚、印度尼西亚，非洲的西部、中部，南美洲的北部和中美洲。中国引种的油棕主要分布于海南、云南、广东、广西。

中国自1926年开始引种油棕，主要产品是棕油和棕仁油。棕油精炼后是营养价值极高的食用油

陈玄达 摄

脂，且价格便宜。棕油主要用来制造肥皂、润滑油、化妆品等，也是纺织业、制革业、铁皮镀锡的辅助剂等，由于含油量高，方便面、面饼也用油棕的油炸。棕仁油味美，除直接食用和制造人造奶油外，还用于制造高级肥皂、香皂和各种化妆品。

此外，棕仁粕是很好的饲料和肥料。果壳可制活性炭，用作脱色剂和吸毒剂。脱果后的空果穗可制牛皮纸，作肥料、燃料和培养草菇等。未成熟的花序割开后流出的汁液可酿酒、制糖和做饮料。油棕的果肉、果仁含油丰富，在各种油料作物中，有"世界油王"之称。阿珠

槟榔

学名： *Areca catechu* L.
别名： 槟榔子、大腹子、宾门、橄榄子、青仔
科属： 棕榈科 槟榔属

20世纪70—80年代有一首流行曲《采槟榔》，第一句歌词便是"高高的树上结槟榔，谁先爬上谁先尝"。由于儿时喜欢爬树，听着歌曲想象着槟榔树应该很高大，很难攀爬，采撷很艰难。这便是槟榔给我留下的第一印象。

在植物界，单子叶植物多为草本植物，但棕榈科却多为高大乔木，槟榔便是其中的一员。根据《中国植物志》，槟榔高可达10米多，最高可达30米。与其他棕榈科植物一样，槟榔也有明显的环状叶痕，叶簇生于茎顶；雌雄同株，花序多分枝，雄花小，通常单生，花瓣长圆形；雌花较大，花瓣近圆形。果实长圆形，橙黄色，中果皮厚，纤维质。种子卵形，胚乳嚼烂状。花果期3—4月。

槟榔属于温湿热型阳性植物，喜高温、雨量充沛湿润的气候环境。原产地为马来西亚，现主要分布于南北纬28°之间，包括东南亚、亚洲热带地区、太平洋群岛、东非及欧洲部分区域。我国主要分布于云南、海南及台湾等热带地区。

槟榔是重要的中药材，也是南方某些少数民族的咀嚼嗜好品，尤其是台湾岛。据记载，槟榔有祛痰止咳、消食醒酒、宽胸止吐、驱虫等作用。槟榔的味道又苦又涩，但嚼食槟榔后，口舌生津，神清气爽，别有一番风味，同时面颊酡红，身上微微发汗，如喝过酒一般。高山地区的居民常以吃槟榔来御寒和消除疲劳。但因槟榔汁液呈紫红色，常嚼槟榔会使牙齿变黑；槟榔嚼过后，残渣吐在地上，红迹斑斑如同血渍，影响公共环境的美观与卫生。

此外，槟榔含有可致癌的生物碱。据报道，台北市2004年有80%~92%的口腔癌患者因嚼食槟榔引发疾病；孕妇过多嚼食槟榔则有可能造成流产。国际癌症研究中心于2004年认定槟榔含有一级致癌物质。在槟榔流行的印度，商业化生产的槟榔果已被要求贴上明显的警告标签；在美国，早在1976年已经开始严禁各州之间运输槟榔果；在加拿大，槟榔产品也被禁止销售。**方碧真**

一、地区特色植物

山椒子

学名：*Uvaria grandiflora* Roxb.
别名：川血乌、红肉梨、山芭蕉罗
科属：番荔枝科 紫玉盘属

山椒子产于我国海南、广东南部、广西东南部。在印度、缅甸、泰国、越南、马来西亚、菲律宾、斯里兰卡和印度尼西亚也有分布。

山椒子也叫大花紫玉盘，是攀援灌木，全株密被毛。叶长圆状倒卵形，叶柄粗壮。花单朵与叶对生，紫红色或深红色，直径达9厘米；苞片2枚，大形，卵圆形；萼片3枚，宽卵圆形；花瓣6枚，分2轮排列。数量众多的雄蕊与雌蕊聚生于花瓣中央，宛若紫色玉盘上盛放着的黄色水晶。若是凑近细闻，更有淡淡的芳香。

山椒子的果实成熟后，就像小香蕉一样成串地挂在枝头，而这些果实居然是由一朵花变出来的，很奇怪吧？原来，这是由于它的雌蕊是由多枚离生心皮组成的，这些离生的雌蕊授粉以后，就长成了一个个独立的果实，并聚生于一个果柄上。

山椒子的花期为4—11月，果期6—12月，花果期均长达半年以上，夏秋季节可同时观花赏果呢。周敏

番荔枝

学名: *Annona squamosa* Linn.
别名: 赖球果、佛头果、释迦果
科属: 番荔枝科 番荔枝属

番荔枝是多年生半落叶小乔木,高3~8米;树皮薄,灰色,稍粗糙。单叶互生,常排成2列,叶柄具浅凹槽,长1~2厘米,叶薄纸质,叶片椭圆状披针形,或长圆形,长6~18厘米,宽2~7.5厘米,顶端急尖或钝,基部阔楔形或圆形,叶底浅绿色;侧脉8~15对,在叶底明显凸起。花两性,单生或2~4朵聚生于枝顶或与叶对生,长2~3厘米,外轮花瓣长圆形,狭而厚,顶端急尖,肉质,青黄色,下垂,镊合状排列,内轮花瓣极小,退化成鳞片状。聚合浆果圆球状至卵形,直径5~10厘米,由多数成熟的心皮组成,相连而易于分离,无毛,黄绿色,外面被白色粉霜。单个果重一般在350克左右。每个瓣里含有一颗乌黑晶亮的小核。花期5—6月,果期6—11月。

番荔枝原产于美洲热带地区;我国浙江、台湾、福建、广东、广西、海南和云南等省区均有栽培。

番荔枝是著名的热带果树,喜阳光,喜温暖湿润气候,不耐寒,适合较干旱、沙质的土壤,在全球热带和亚热带地区广泛栽培种植,也是紫胶虫寄主树。果实大小与石榴相近,因其外表被以多角形软疣凸起恰似佛头而有佛头果、释迦果之称。**刘蕾**

矮琼棕

学名：*Chuniophoenix nana* Burret
科属：棕榈科 琼棕属

矮琼棕丛生灌木状，高 1.5~2 米；茎圆柱形，紫褐色。叶扇状半圆形，裂片 4~7 片，中央的裂片较大，花序自叶腋抽出；花两性，淡黄色，略有香气；花瓣披针形，基部合生；雌蕊 1 枚，柱头 3 裂。果实扁球形，成熟时鲜红色，外果皮光滑，中果皮肉质。种子近球形，淡棕色。花期 4—5 月，果期 8 月。

矮琼棕是中国特有的珍稀植物，仅分布于海南陵水吊罗山。由于分布狭窄且数量稀少，因而也是国家二级保护植物。矮琼棕外形与常见的棕竹颇为相似，同样也喜欢生长在较为荫蔽的环境下。其秀丽的外形具有不错的观赏价值，很适合庭院栽培，因此时常被引种到世界各地植物园的棕榈区中。

琼棕属是我国特有的一个属，属内仅有的两种植物琼棕、矮琼棕均原产于我国海南。因此对研究棕榈科植物的系统发育和植物区系有一定的科研价值。**金宁**

认识中国植物 海岛分册

蜡烛果

学名：*Aegiceras corniculatum* (Linn.) Blanco
别名：桐花树、黑枝、黑榄、黑脚梗、水茭
科属：紫金牛科 蜡烛果属

陈玄达 摄

蜡烛果为热带海岸滩涂红树林内常见的树种之一。多单种生长组成群落，也常与其他树种混生，对盐度的适应性很广。花两性，伞形花序顶生或腋生，着花10~24，萼片5，花钟状，白色。蒴果圆柱形，新月状弯曲。花期12月至翌年1—2月，果期10—12月。有时花期4月，果期翌年2月。

蜡烛果主要分布广西、广东、福建及南海诸岛，生于海边潮水涨落的泥滩上。印度、中南半岛至菲律宾及澳大利亚南部等均有。其树皮含鞣质，可作提取栲胶原料，木材是较好的薪炭柴，生长的树林有防风、防浪作用。任磊

一、地区特色植物

矮紫金牛

学名：*Ardisia humilis* Vahl
科属：紫金牛科 紫金牛属

矮紫金牛是紫金牛属植物在海南和广东地区的特别成员。

矮紫金牛并不矮，通常高 1~2 米，有时可达 3~4 米，比起紫金牛高多了，与紫金牛不会超过 40 厘米高度比较，就如武松与武大郎的感觉。矮紫金牛雄蕊与粉红色或紫红色的花瓣几近等长。花期 3—4 月，果期 11—12 月；紫金牛花期 5—6 月，果期 11—12 月，到来年 5 月仍挂着果也常见。不过，矮紫金牛的药用本领确实不如紫金牛，矮紫金牛皮含单宁，煎水可治头痛。紫金牛本领更强，煮红枣可治牙痛、无名肿痛很常见。中医用它止咳化痰、祛风解毒、活血止痛是家常便饭；用它治支气管炎、大叶性肺炎、小儿肺炎、肺结核不在话下；肝炎、痢疾、急性肾炎、尿路感染、通经、跌打损伤、风湿筋骨痛顺手捻来，还可以外用它治皮肤瘙痒、漆疮。最神奇的是，它还是人们抗击艾滋病的重要法宝。矮紫金牛个虽高，但本领还是比不上紫金牛。胡冬平

一、地区特色植物

大粒咖啡

学名：*Coffea liberica* Bull ex Hiern
科属：茜草科 咖啡属

大粒咖啡是小乔木或大灌木，高 6~15 米；枝开展。叶薄革质，椭圆形、倒卵状椭圆形或披针形；聚伞花序短小。浆果大，阔椭圆形，成熟时鲜红色；种子长圆形。花期 1—5 月。广东、海南和云南均有栽培。原产于非洲西海岸的利比里亚的低海拔森林内，现广植各热带地区。

"咖啡"一词源自希腊语"kaweh"，意思是"力量与热情"。咖啡属植物有 40 种，主要有小粒咖啡、米什米咖啡、中粒咖啡、刚果咖啡、狭叶咖啡和大粒咖啡。分布于东半球热带地区，非洲尤盛。咖啡是重要热带作物，它和茶、可可被称为世界上三大饮料，尤其是在欧美各国，饮用咖啡十分普遍，具有兴奋、助消化的功效。

日常饮用的咖啡是用咖啡豆配合各种不同的烹煮器具制作出来的，而咖啡豆就是指咖啡树果实内的果仁，再用适当的烘焙方法烘焙而成。当你感觉今天心情不错时来一杯咖啡吧，你会发现咖啡最美好的一面。阿珠

陈玄达 摄

认识中国植物 海岛分册

越南黄牛木

学名：*Cratoxylum formosum* (Jack) Dyer
科属：藤黄科 黄牛木属

越南黄牛木产于海南。生于海拔600米以下灌丛中。泰国、老挝、柬埔寨、越南、马来西亚、印度尼西亚和菲律宾也有分布。

越南黄牛木为落叶灌木或乔木，全株无毛。树干下部有长枝刺。叶片椭圆形或长圆形，上面绿色，下面淡绿色。花序为5~8朵聚集而成的团伞花序，生于脱落叶痕腋内。花瓣5枚，倒卵形；雄蕊束纤细，合生成3束；花柱3，自基部分叉。

越南黄牛木开的花是淡粉红色的，先花后叶，花开时树枝上没有叶子，看上去很像日本樱花，所以也俗称新加坡樱花。周敏

一、地区特色植物

牛角瓜

学名：*Calotropis gigantea* (L.) Dry.ex Ait.f.
别名：五狗卧花心
科属：萝藦科 牛角瓜属

牛角瓜产于海南、云南、四川、广西和广东等省区。分布于印度、斯里兰卡、缅甸、越南和马来西亚等。

在海南，有一种造型十分奇特的花很常见：它的花蕊就像五条小狗团团围坐，狗耳朵、狗尾巴形状清晰可见。这就是牛角瓜，它有个很有趣的别名，就叫作"五狗卧花心"。

牛角瓜为直立灌木，叶倒卵状长圆形或椭圆状长圆形，蓝紫色的花朵组成伞形的聚伞花序，生于叶腋与枝端；果实的形状就像一只牛角。

在儋州市中和镇东坡书院内立有一块石碑，记载了千百年前苏东坡与牛角瓜的一件趣事。相传有一回苏东坡去王安石家中拜访，在书房等待时发现了"明月当空叫，五犬卧花心"这两句诗，他认为不合情理，就提起笔将王安石的诗句改成了"明月当空照，五犬卧花阴"。后来，他谪居儋州时，听当地老百姓讲后才搞清楚，原来，海南真有一种鸟就叫"明月鸟"，也真有一种花就叫"五犬卧花心"。苏东坡这才知道自己没有调查研究，错改了诗句，感到十分惭愧。周敏

木薯

学名：*Manihot esculenta* Crantz
科属：大戟科 木薯属

木薯原产于美洲热带地区，为直立灌木，高 1.5~3 米；单叶互生，掌状深裂，纸质，披针形。单性花，圆锥花序，顶生，雌雄同序，地下有肉质长圆柱形块根，块根中央有一白色线状纤维，性质坚韧，即使块根被折断仍可相连，与"藕断丝连"相似。木薯块根肉质富含淀粉，供食用或作糊料，可磨木薯粉、做面包、提供木薯淀粉和浆洗用淀粉乃至酒精饮料。但根、茎、叶内均含氰基苷，生食有毒性，必须用水久浸，并煮熟以解除毒性。

木薯可能是墨西哥犹加敦的玛雅人首先栽培，后于 19 世纪 20 年代引入中国，首先在广东高州一带栽培，随后引入海南岛，现已广泛分布于华南地区，以广西、广东和海南栽培最多，福建、云南、江西、四川和贵州等省区亦有引种试种。任磊

一、地区特色植物

学名： *Euphorbia tirucalli* L.
别名： 光棍树、绿珊瑚、青珊瑚、神仙棒、龙骨树
科属： 大戟科 大戟属

　　绿玉树又名光棍树，为小乔木，高2~6米，叶互生，长圆状线形，很小，常生于当年生嫩枝上，稀疏且很快脱落，由于茎行使光合功能，故常呈无叶状态，也即是光棍树的由来。

　　绿玉树原产于非洲的地中海沿岸地区，树干乳汁中含有丰富的碳氢化合物，与石油的成分相似。有研究指出100千克绿玉树茎就可提取8千克类似石油的物质。可以直接或与其他物质混合成原油，提炼为燃料油。亦可作为生产沼气的原料，其沼气产量较一般嫩枝绿草高5~10倍。它同时具有药用价值和观赏性。因能耐旱、耐盐和耐风，常用作海边防风林或美化树种。现分布于我国的香港、台湾澎湖列岛、海南岛，在美国、马来西亚、印度等地也有分布。偶也有逸为野生现象。任磊

陈玄达 摄

依兰

学名: *Cananga odorata* (Lamk.) Hook. f. et Thoms.
科属: 番荔枝科 依兰属

陈玄达 摄

依兰是常绿大乔木；树干通直，树皮灰色；小枝无毛，有小皮孔。叶大，膜质至薄纸质，卵状长圆形或长椭圆形，长 10~23 厘米，宽 4~14 厘米，顶端渐尖至急尖，基部圆形，叶面无毛，叶背仅在脉上被疏短柔毛；侧脉每边 9~12 条。花序单生于叶腋内或叶腋外，有花 2~5 朵；花大，长约 8 厘米，黄绿色，芳香，倒垂；总花梗长 2~5 毫米，被短柔毛；花梗长 1~4 厘米，被短柔毛，有鳞片状苞片；萼片卵圆形，外反，绿色，两面被短柔毛；花瓣内外轮近等大，线形或线状披针形，长 5~8 厘米，宽 8~16 毫米，柱头近头状羽裂。成熟的果近圆球状或卵状，长约 1.5 厘米，直径约 1 厘米，黑色。花期 4—8 月，果期 12 月至翌年 3 月。

花有浓郁的香气，可提制高级香精油，称"依兰依兰油"，是一种用途很广的重要的日用化工原料。张炜琪

一、地区特色植物

海南砂仁

学名：*Amomum longiligulare* T. L. Wu
别名：海南壳砂仁
科属：姜科 豆蔻属

海南砂仁是产于海南的一种著名药用植物。它是多年生草本，高达 1~1.5 米；叶子披针形，长达 20~30 厘米；花序从茎基部抽出，白色的小花看上去就像一只只小蝴蝶，十分可爱。果实球形，表面具刺，经过干燥处理后即为著名的南药——砂仁。砂仁是中医常用的一味芳香性药材，有健胃、行气调中、消食安胎的作用。常与厚朴、枳实、陈皮等配合，治疗胸脘胀满、腹胀食少等病症。砂仁的来源主要有 3 种：其中品质最好的是主产于广东省阳春市的春砂仁；第二种便是产自海南的海南砂仁，也叫壳砂，品质稍逊于春砂仁；还有一种叫缩砂密，主产于东南亚国家。除直接入药外，砂仁亦可作为调料应用于烹饪中，不仅能添香增味，更能健脾消食，广受人们喜爱。

金宁

胡椒

学名：*Piper nigrum* L.
别名：白胡椒、黑胡椒、昧履支、披垒
科属：胡椒科 胡椒属

胡椒是多年生木质攀援藤本；茎、枝无毛，节显著膨大，常生小根。花杂性，通常雌雄同株；浆果球形，无柄，花期6—10月。中国台湾、福建、广东、广西及云南等省区均有栽培。

自从丝绸之路开通后，各种外来的新鲜事物开始源源不断地传入中国，而有的更是被打上了鲜明的外来标记，这个标记就是"胡"，例如胡桃、胡椒、胡萝卜、胡麻等，其实"胡"字在中国古代专指中原王朝北方边境的邻居，但是到了唐朝，"胡"主要用于称呼西方人，特别是波斯人。

胡椒是很多中国人现在经常吃的调味品，胡椒原产于印度，从印度经波斯通过丝绸之路传入中国，《后汉书》就已明确记载身毒国（印度）原产胡椒。我们都知道欧洲的西餐最后一道程序就是将胡椒和盐一起撒在盘子里的食物上，在西餐还没成为中国人的时尚之前，现代中国人其实很少能够吃得惯胡椒，然而在中国古代，胡椒却是上流社会的必备调味品。

胡椒因加工方法不同而被分为黑胡椒和白胡椒，黑胡椒的辣味比白胡椒强烈，香中带辣，去腥提味；白胡椒的药用价值较大，可散寒、健胃等，还可增进食欲、助消化、促发汗。可见小小的胡椒的食用价值和药用价值都非常高。阿珠

一、地区特色植物

琼榄

学名：*Gonocaryum lobbianum* (Miers) Kurz.
别名：黄蒂、金蒂、黄柄木
科属：茶茱萸科 琼榄属

琼榄是多年生灌木或小乔木，高 1.5~8 米，树皮灰色；叶革质，长椭圆形至阔椭圆形，先端骤然渐尖，表面深绿色具光泽，背面绿色。花杂性异株，雄花排列成腋生密集、间断的短穗状花序，雌花和两性花少数，于短花序柄上排列成总状花序。花冠管状，白色，无毛，稍肉质，5 裂片呈三角形，边缘内弯。核果椭圆形至长椭圆形，由绿色转紫黑色，干时有纵肋，顶端具短喙。花期 1—4 月，果期 3—10 月。

琼榄主要产于海南、云南。生于海拔 500~1 800 米的山谷密林中。缅甸、泰国、越南、柬埔寨、老挝、马来半岛及印度尼西亚也有分布。是一种重要的民间药用植物，具有清热解毒、散郁结的药用功效，海南民间用其治疗黄疸型肝炎、胸肋闷痛等。琼榄含有糖、多糖、氨基酸、多肽、蛋白质、黄酮、香豆素、内酯、挥发油等丰富多样的活性物质，是很有经济价值和实用价值的一种植物，种子油也可供制皂及润滑油。任磊

陈玄达 摄

凤梨（菠萝）

学名: *Ananas comosus* (L.) Merr.
别名: 菠萝、露兜子
科属: 凤梨科 凤梨属

凤梨茎短，叶多数，莲座式排列，剑形，先端渐尖，全缘或有锐齿，上面绿色，下面粉绿色，边缘和先端常带褐红色；生于花序顶部的叶小，常红色。花序于叶丛中抽出，状如松球，结果时增大；花瓣长椭圆形，上部紫红色，下部白色。花期夏季至冬季。海南、福建、广东、广西、云南有栽培。

凤梨俗称菠萝，菠萝是世界四大热带水果之一（其他3种是香蕉、椰子、杧果），并排名第二。

凤梨原产于巴西，16世纪初传入中国，传到台湾时，因"果生于叶丛中，果皮似菠萝蜜而色黄，液甜而酸，因尖端有绿叶似凤尾，故名凤梨"而得名。

凤梨几乎含有所有的人体所需的维生素，还含有16种天然矿物质，并能有效帮助消化吸收，菠萝减肥的秘密在于它丰富的果汁，能有效地酸解脂肪；丰富的维生素B能有效地滋养肌肤，防止皮肤干裂，滋润头发的光亮，同时也可以消除身体的紧张感和增强肌体的免疫力；促进血液循环酶，素来可以降低血压，稀释血脂，食用菠萝，可以预防脂肪沉积。阿珠

一、地区特色植物

剑麻

学名：*Agave sisalana* Perr. ex Engelm.
别名：菠萝麻
科属：石蒜科 龙舌兰属

剑麻是多年生植物，茎粗短。叶呈莲座式排列，开花之前，一株剑麻通常可产生叶 200~250 枚，叶片刚直，形状似剑，名称也由此而来。其圆锥花序粗壮，高可达 6 米；花黄绿色，有浓烈的气味；花后结长圆形硕果，长约 6 厘米。但剑麻开花受环境条件、栽培技术影响。正常情况下，一般 6~7 年生的植株便可开花，花期多在秋冬间，若生长不良，花期也可延迟。剑麻开花和长出珠芽后植株便死亡，通常花后不能正常结实，靠生长大量的珠芽进行繁殖。

剑麻原产于墨西哥。我国华南及西南各省区有引种，海南、广东等地均有栽培。麻为世界有名的纤维植物，所含硬质纤维品质最为优良，具有坚韧、耐腐蚀、耐碱、拉力大等特点，供制海上舰船绳缆、机器皮带、各种帆布、人造丝、高级纸、渔网、麻袋、绳索等原料；植株含甾体皂苷元，是制药工业的重要原料。任磊

束花石斛

学名： *Dendrobium chrysanthum* Lindl.
科属： 兰科 石斛属

束花石斛为多年生喜阴草本，茎粗厚肉质，下垂或弯垂，具多节。叶 2 列，互生于整个茎上，纸质，长圆状披针形，伞状花序近无花序柄，每 2~6 朵花为一束，侧生于具叶的茎上部；花黄色，花开时随枝条倒垂，似黄色流苏。

束花石斛分布于我国广西西南部至西北部、贵州南部至西南部、云南东南部至西南部、西藏东南部。海南有引种栽培。生于海拔 700~2 500 米的山地密林中树干上或山谷阴湿的岩石上。其观赏价值极高，花姿优雅，气味芳香，被喻为"四大观赏洋花"之一，同时本属植物被认为"秉性刚强，忠厚可亲"，西方社会人们常把它敬献给自己爱戴的尊长。并在每年 6 月 19 日时，将石斛送给父亲，被称之为"父亲节之花"。任磊

陈玄达 摄

一、地区特色植物

学名：*Oryza sativa* L.
科属：禾本科 稻属

水稻是一年生禾本科植物，高约 1.2 米，叶长而扁，圆锥花序由许多小穗组成。所结子实即稻谷，去壳后称大米或米。水稻按不同类别可以分为籼稻和粳稻、早稻和中晚稻、糯稻和非糯稻。水稻除可食用外，还可以酿酒、制糖、作工业原料，稻壳、稻秆也有很多用处。水稻是一个极其古老的农作物，中国是世界上水稻栽培的起源国。根据 1993 年中美联合考古队在中国道县玉蟾岩发现古栽培稻，说明我国水稻栽培已有 14 000~18 000 年的历史。

1975 年，袁隆平及其团队成功研发三系杂交水稻制种技术，并在全国大面积推广，使水稻大幅增产，为解

冯常虎 摄

决中国人的吃饭问题做出了突出贡献。目前，世界上很多国家都在种植中国的杂交水稻，国际上甚至将杂交水稻技术称为中国的第五大发明，誉为"第二次绿色革命"。

袁隆平及其团队的成功，源于他们在海南三亚发现了一种野生稻的雄性不育株（简称"野败"）。

稻生长的最北限是中国的黑龙江省呼玛县，但主要的生长区域是中国南方（包括海南和台湾），以及日本、朝鲜半岛、东南亚、南亚、欧洲南部地中海沿岸、美国东南部、中美洲、大洋洲和非洲部分地区，中国北方沿河地区也种植稻，也就是说，除了南极洲之外，各大洲都有稻的生长。任磊

甘蔗

学名：*Saccharum officinarum* Linn.
科属：禾本科 甘蔗属

甘蔗是多年生高大实心草本。根状茎粗壮发达。秆高 3~5 米，直径 2~4 厘米，具 20~40 节，下部节间较短而粗大，被白粉。叶鞘长于其节间，除鞘口具柔毛外余无毛；叶舌极短，生纤毛，叶片长达 1 米，宽 4~6 厘米，无毛，中脉粗壮，白色，边缘具锯齿状粗糙。圆锥花序大型，总状花序多数轮生，稠密。

甘蔗资源调查研究结果表明，甘蔗极有可能起源于南太平洋新几内亚、印度及中国，因为这 3 个国家具有极为丰富的野生甘蔗资源，所以应是甘蔗的起源中心地带。

甘蔗是我国最主要的糖料作物，蔗糖业对人民生活乃至国民经济的发展均具有重要意义。据文献记载，明确指出用甘蔗制糖的文字记载是公元前 3 世纪的《楚辞·招魂》："胹鳖炮羔，有柘浆些。"而国外最早有关甘蔗的记载是在公元前 327 年亚历山大大帝东征印度期间。至 18 世纪，甘蔗栽培开始遍及全世界，广泛分布于北纬 32°至南纬 30°的地区。张炜琪

 ## 二、城市绿化植物

鳞粃泽米铁

学名： *Zamia furfuracea* Ait.
别名： 南美苏铁、美洲铁、糠叶美洲苏铁
科属： 泽米铁科 泽米铁属

鳞粃泽米铁原产于墨西哥，属于中型观叶植物。它的主干高 15~30 厘米，单干或有分枝，有的为多头型丛生状，粗壮，干表密被暗褐色一轮轮叶痕。多年生的老干基部茎盘处的不定芽可萌发成幼小的萌蘖，称为吸芽。地下部为肉质粗壮的须根系。叶为大型偶数羽状复叶，生于茎干顶端；叶革质硬，叶长 30~60 厘米，叶柄长 15~20 厘米。羽状小叶 7~12 对，小叶长椭圆形，基部 2/3 处全缘，小叶缘上端密生坚硬钝形锯齿，叶背有明显的脉纹。雌雄异株，雄花序松球状，长度 10~25 厘米，雌花序似掌状。

鳞粃泽米铁株形优美，叶片排列有序，常年青翠，给人以刚毅坚强之感，是为名贵稀有的观叶植物。它喜阳，不宜较长时间置于阴蔽处，且生长速度较缓慢，株形稳定，极适合室内厅堂布置摆放。张炜琪

二、城市绿化植物

盾柱木(双翼豆)

学名: *Peltophorum pterocarpum* (DC.) K.Heyne
别名: 双翼豆、闭荚木、黄焰木、翅果木
科属: 苏木科 盾柱木属

陈玄达 摄

  盾柱木是落叶乔木;其老枝具黄色细小皮孔。2回羽状复叶;叶柄粗壮,被锈色毛;叶轴长25~35厘米;羽片7~15对,对生,长8~12厘米;小叶10~21对,无柄,排列紧密,小叶片革质,长圆状倒卵形,先端圆钝,具凸尖,基部两侧不对称,边全缘,上面深绿色,下面浅绿色。圆锥花序顶生或腋生,密被锈色短柔毛;苞片早落;花梗长5毫米,与花蕾等长,相距5~7毫米;花蕾圆形,直径5~8毫米;萼片5,卵形,外面被锈色茸毛,长5~8毫米,宽4~7毫米;花瓣5,倒卵形,具长柄,两面中部密被锈色长柔毛,长15~17毫米,宽8~10毫米;雄蕊10枚,花丝长12毫米,基部被硬毛,花药长3毫米,基部箭形;子房具柄,被毛,花柱丝状,远较子房长,光滑,柱头盘状,3裂;胚珠3~4颗。荚果具翅,扁平,纺锤形,两端尖,中央具条纹,翅宽4~5毫米;种子2~4颗。分布于越南、斯里兰卡、马来半岛、印度尼西亚和大洋洲北部。我国南方有栽培。

二、城市绿化植物

　　盾柱木性喜高温天气,稍抗风、耐旱,但不耐阴,目前已由人工引种栽培,栽种于砂质壤土或以深层壤土为佳。树皮能作提炼黄色染料之用,也可供药用。 孙灏

陈玄达 摄

陈玄达 摄

陈玄达 摄

雨树

学名：*Samanea saman* (Jacq.) Merr.
科属：含羞草科 雨树属

雨树是无刺大乔木，高可达10~25米，在热带地区常见。成年雨树树干粗壮虬曲，很有历史感，树冠舒展很开，犹如一把把巨大的绿伞撑开在大地之上。此树傍晚5点之后会自然闭合下垂，吸聚露水或雨水，次日清晨，叶子又渐渐打开，微风过处，水滴如雨，故名雨树。花玫瑰红色，组成单生或簇生头状花序，远观其花，与合欢花很像，但叶子要大些粗些，两者都属于含羞草科。

新加坡的雨树最著名，几乎到处都是，是主力行道树，尤其是东海岸公园，全是一些上了年头的雨树，整片整片的，延绵不绝，非常壮观！车走高架路时，可见树顶，一个一个绿冠高高低低铺排开来，宛似一片无边无际波涛起伏的绿海，十分养眼。在这个太阳近乎直射的赤道国家，无论行车还是走路在雨树下过，几乎晒不到太阳，真是很美妙的事情！

雨树原产于非洲和美洲，中国台湾、海南和云南西双版纳有引种。胡冬平

绒果决明

学名: *Cassia bakeriana* Craib
别名: 桃花决明、粉红阵雨树
科属: 苏木科 决明属

绒果决明原产于印度、泰国、缅甸。我国南方引种栽培观赏。

绒果决明是落叶乔木。偶数羽状复叶,具有 6~12 对椭圆形的小叶。总状花序自老枝伸出,花瓣 5 枚,粉红色或白色,具有紫红色的苞片。雄蕊 10 枚,黄色,其中 3 枚爪状伸长,中部椭圆状鼓起,7 枚较短。果实棒状,表面具茸毛。

绒果决明的花期为春末至夏天,常于落叶后开花,盛开时整树都挂满粉红色的繁花,美极了。在东南亚,人们爱叫它"泰国樱花",但它比樱花更坚韧,花期长达 3 个月。相比起来,桃花决明、粉红阵雨树等别名比绒果决明更能表达它的美丽气质。 周敏

紫矿

学名：*Butea monosperma* (Lamk.) Kuntze
科属：蝶形花科 紫矿属

紫矿是乔木，高 10~20 米，树皮灰黑色；花序腋生或生于无叶枝的节上，密被褐色或银灰色茸毛或柔毛。花冠橘红色，后渐为黄色，旗瓣长卵形，翼瓣窄镰形，龙骨瓣宽镰形，雄蕊内藏；荚果长圆形，扁平，种子肾形。花期 3—4 月。

紫矿产于云南，生于林中或路旁潮湿处。印度、斯里兰卡、越南和缅甸也有分布。海南有栽培。

像鲜黄连（紫色花）、小红菊（紫色或白色花）一类不能把名字太当回事的植物一样，紫矿的名字也名不副实，因为它根本不是紫色的，甚至没有任何部位是紫色的。它的得名主要来自于它的寄生生物——紫胶虫，因为紫胶虫生产的紫胶，是航空制造业上重要的黏合剂，所以间接的使得宿主植物紫矿，成为一种经济价值很大的树种。这不由得让人想起桑树与蚕的关系来，紫矿与紫胶虫也大致如此吧。撇开它的经济价值不说，紫矿花本身就极具观赏价值，与这几年热门的网红植物翡翠葛有得一拼，同是花量巨大、花色独特的代表。开花时节，花朵会长满整个树冠，远看犹如橘色的木棉花，是形成南方街景一道独特的风景线。孙灏

龙牙花

学名：*Erythrina corallodendron* Linn.
别名：象牙红、龙芽花、乌仔花、象牙红、英雄树、珊瑚刺
科属：豆科 刺桐属

龙牙花是小乔木或灌木，高 3~5 米；树干和分枝散生皮刺；总状花序腋生，长达 30 厘米或更长，具多数较疏生的花，花冠红色；种子深红色，有黑斑。花期 6—7 月。

龙牙花原产于美洲热带地区。我国北京、云南、广东、广西、福建、海南、山东、河南、河北、贵阳花溪、杭州、成都等地有栽培。

龙牙花长得很像小号的鸡冠刺桐，旗瓣长椭圆形，没有鸡冠刺桐的那么大，颜色鲜红。在没有开放的时候，龙牙花就像带血的龙牙一样，呈弯月状，龙牙花也因此而得名。龙牙花木材质地柔软，可代软木作木栓。树皮含龙牙花素，能药用，有麻醉、镇静作用。树皮及新鲜种子汁液会破坏动物神经系统，误服会产生头昏的症状。

龙牙花花色艳丽，光彩夺目，适用于公园和庭院栽植。也是阿根廷国花。孙灏

陈玄达 摄

陈玄达 摄

白千层

学名：*Melaleuca leucadendron* L.
科属：桃金娘科 白千层属

白千层是乔木，高可达 18 米。原产于澳大利亚，我国广东、台湾、福建、广西等地均有栽种。树皮易引起火灾，不宜于造林，常植道旁作行道树。

白千层之名，来源于它的树皮，其皮灰白色，厚而松软，呈薄层状剥落，故名。因为是行道树，很多路人看到白千层那薄如纸张的树皮，总会忍不住伸手揭一揭，以至于树皮越来越少。当年去台湾士林官邸参观，看到那里也有很多上了年纪的白千层大树，其中一棵比较显眼的树上，挂了一个有趣的提示语："我是不是越来越瘦？只求您欣赏关爱我，求您别再剥我的皮。"

白千层叶互生，叶片革质，披针形或狭长圆形，枝叶含芳香油，香气浓郁，供药用及防腐剂。花白色，密集于枝顶成穗状花序，像一个个小瓶刷挂满了枝叶之间，花开时节芬芳四溢。其蒴果近球形，花期每年多次。

胡冬平

乌墨（海南蒲桃）

学名： *Syzygium cumini* (L.) Skeels
别名： 海南蒲桃
科属： 桃金娘科 蒲桃属

乌墨是常绿乔木。叶对生，革质，阔椭圆形至狭椭圆形，叶柄长1~2厘米。圆锥花序常腋生或生于花枝上，长可达11厘米。小花白色，3~5朵簇生；花瓣4，长2.5毫米；雄蕊长3~4毫米；花柱与雄蕊等长。

乌墨产于我国海南、福建、广东、广西、云南等省区。分布于中南半岛、马来西亚、印度、印度尼西亚、澳大利亚等地。

乌墨的果实成熟时，枝头会挂满一簇簇紫黑色的果实，约拇指头大小，看上去很像桑葚，十分诱人。果实皮很薄，轻轻一揉就破了，流出紫黑色的汁液，就像墨汁一样，海南话叫"黑墨籽"，每次吃完嘴巴、舌头都黑了。人们很爱吃，鸟雀也喜欢吃。

乌墨还有一个很特别的地方，就是火烧不死。原来，它的树皮粗而厚，含水量很高，即便遭遇火灾，通常也只是伤了表皮，能很快重新生长。周敏

猫尾木

学名: *Dolichandrone cauda-felina* (Hance) Benth. et Hook. F.
别名: 猫尾
科属: 紫葳科 猫尾木属

猫尾木是乔木,高 10 米以上。叶近于对生,奇数羽状复叶;花大,顶生总状花序。花冠黄色;种子长椭圆形,极薄,具膜质翅。花期 10—11 月,果期翌年 4—6 月。

猫尾木产于我国广东、海南、广西、云南。生于疏林边、阳坡,海拔 200~300 米。在泰国、老挝以及越南北部至中部也有分布。

紫葳科的植物大多拥有略扁的喇叭状花朵,猫尾木也不例外。猫尾木的花朵很大,直径 10~14 厘米,颜色为略显灰暗的黄褐色,远远看去还以为是一团草纸飘到了树上。仅仅看到花,你是无法理解它名称的由来,但看到果实之后就会恍然大悟。原来真的就像一条条长长的橘黄猫的尾巴,那正是猫尾木的蒴果,其表面布满细密的黄褐色茸毛,不仔细看,还以为树上躲了一群猫。

猫尾木可作庭园观赏的绿化树种;木材纹理通直,结构细致,材质稍硬而轻,加工容易,干燥后少开裂且不变形,略能耐腐,剖面平滑而具光泽,材色浅淡而略鲜明,适于作梁、柱、门、窗、家具等用材;海南多用作一般家具、床板、房板等。孙灏

二、城市绿化植物

滨玉蕊

学名：*Barringtonia asiatica* (L.) Kurz
别名：台湾棋盘脚、垦丁之花、恒春大肉粽
科属：玉蕊科 玉蕊属

在台湾岛南部的垦丁，有一种夜晚开花的植物，当地人称之为"夜花之后"。这种植物常在夏季的夜晚开出美丽的粉红色花朵，从傍晚一直开到清晨。夜幕低垂时，其白色花苞伸出粉红色花丝，花朵逐渐绽放，如烟火般灿烂夺目。待到旭日东升之时，花朵已凋萎落地，常见一地粉红落花。

这就是滨玉蕊，一种热带海岸植物，因其果实外形如棋盘的柱脚而称为台湾棋盘脚，又因与肉粽形状相似而称为"垦丁肉粽"或"恒春大肉粽"。在台湾，它主要分布在南部的垦丁和兰屿，因而有"垦丁之花"的美名。

查考《中国植物志》可知，滨玉蕊是玉蕊科的常绿乔木。其枝条粗壮，叶大，全缘，丛生枝顶，近革质，倒卵形或椭圆形；总状花序直立，顶生，花瓣4，椭圆形；果实卵形或近圆锥形，外果皮薄，中果皮厚，海绵质，内果皮富含纵向交织的纤维；种子矩圆形。

滨玉蕊主要分布于亚洲、东非和大洋洲的热带、亚热带地区，在我国只分布于台湾的屏东、台东和兰屿等地。据文献记载，其果实、种子和树皮具毒性。**方碧真**

认识中国植物　海岛分册

红花玉蕊

学名：*Barringtonia aculangula* Korth.
别名：玉蕊、水茄苳
科属：玉蕊科 玉蕊属

红花玉蕊是常绿小乔木植物或中等大乔木，高可达 20 m；树皮开裂；小枝粗壮，有明显的叶痕。叶常丛生枝顶，有短柄，近革质，全缘，倒卵形，长 12~30 cm，宽 4~10 cm，网脉清晰。总状花序，顶生，下垂，长达 70 cm；花疏生，花芽球形；萼筒倒圆锥形，花开放时撕裂或环裂；花瓣 4，雄蕊多数，花丝在芽中折叠；果实卵圆形，长 5~7 cm，微具 4 钝棱，外果皮稍肉质，内含网状交织纤维束；种子 1 颗，种皮淡褐色，卵形，长 2~4 cm。花期几乎全年。

红花玉蕊广布于非洲、亚洲和大洋洲的热带、亚热带地区。中国台湾、海南有分布。

半红树植物是指既能生长在海岸潮间带，又能在陆地非盐渍土生长的两栖木本植物。红花玉蕊就是一种半红树植物，生长在滨海地区林中，利用盘根错节的发达根系和茂密枝干与红树植物一起形成防风消浪、固岸护堤的护岸林带。它的树姿优美，枝叶繁茂，花和果实都具独特观赏价值，是滨海地区优良的园林绿化树种，也适用于花坛美化、绿篱或盆景。红花玉蕊到了夜晚才开花，艳红的或粉红色的花朵排成一长串，串串如珠帘般垂挂下来，在幽暗中流动着妩媚动人的气质，所以被称作"月下美人"。次日清晨树下落花如锦。

为了吸引夜间活动的昆虫传粉，花有浓烈香气。果实外面有一层很厚的纤维质的外果皮，质地很轻，果实成熟后能随水漂浮，从而完成种子的传播。树皮纤维可作绳索，木材供建筑；根可退热，果实可止咳。刘蕾

二、城市绿化植物

学名：*Ceiba pentandra* (L.) Gaertn.
别名：爪哇木棉、青皮木棉、美洲木棉、丝绵树
科属：木棉科 吉贝属

吉贝又名爪哇木棉。爪哇木棉是落叶大乔木，主杆直立粗壮，高达30米，胸径可达80厘米，树冠层呈伞形，枝干离地高处水平轮生，小枝斜向上生长，新树干青绿色，多刺瘤，老树干灰褐色，树根有板根现象。掌状复叶，叶柄红色，细长，小叶5~9片，长6~10厘米，宽2~3厘米；披针形，两端锐角，主脉明显。花多簇生于上部叶腋间，无总花梗；花型小，黄白色。长椭圆形蒴果，初生时绿色，成熟时黄褐色，5裂，果瓣内密生丝状棉毛，种子黑色。

爪哇木棉原产于美洲热带地区和东印度群岛；我国广西、云南、海南、广东等省区普遍种植。

爪哇木棉为危地马拉国花，现广泛引种至东南亚及非洲热带地区。吉贝是马来西亚文的音译。树体高大，树形优美，树皮青翠，引人注目。春天小花团团簇簇，黄白或淡红，夏天枝叶茂盛，绿意盎然，是优良的观花观叶乔木，宜作庭院树、绿化树、景观树、高级行道树。刘蕾

印度榕

学名：*Ficus elastica* Roxb. ex Hornem.
别名：印度橡胶榕
科属：桑科 榕属

印度榕原产于不丹、锡金、尼泊尔、印度东北部、缅甸、马来西亚北部、印度尼西亚（苏门答腊、爪哇）。我国云南（瑞丽、盈江、莲山、陇川）在800~1 500米处有野生。现在我国南部广泛栽培。为乔木；树皮灰白色，平滑；幼小时附生，小枝粗壮。叶厚革质，长圆形至椭圆形，大，长8~30厘米，宽7~10厘米，先端急尖，基部宽楔形，全缘，表面深绿色，光亮，背面浅绿色，侧脉多，不明显，平行展出；叶柄粗壮，长2~5厘米。榕果成对生于已落叶枝的叶腋，卵状长椭圆形，黄绿色。

陈玄达 摄

陈玄达 摄

印度榕可作庭荫树。世界各地（包括我国北方）常栽于温室或在室内，盆栽作观赏，并有金边叶栽培变种 cv. aureo-marginata Hort.。同时，它也是庭园常见的观赏树及行道树。此外，印度榕的胶乳属于硬橡胶类，是制造橡胶产品的重要原料，如轮胎之类的。在我国云南腾冲一带至缅甸北部各热带河谷中，曾设场采用，自马来西亚引种巴西三叶橡胶树后废弃。

张炜琪

二、城市绿化植物

大琴叶榕

学名：*Ficus lyrata* Warb.
科属：桑科 榕属

大琴叶榕为常绿乔木，因叶片先端膨大、形似提琴而得名。其茎干直立，极少分枝，叶大密集，先端常膨大呈提琴状，厚革质，叶缘波状，叶脉凹陷。

大琴叶榕具有较高的观赏价值，是理想的大厅观叶珍品，也常用于城市绿化。近年来，这种来自非洲热带地区的绿植成为园艺网红，先是在欧美园艺家居市场上备受宠爱，我国引种栽培后，常常可以在机场候机大厅、银行或酒店接待厅、大会场及咖啡馆、休闲会所等见到它的身影。

真正的琴叶榕（*Ficus pandurata* Hance），则是我国原产的一种小灌木，分布于海南、广东、广西、福建、湖南、湖北、江西、安徽、浙江等地区，越南与泰国也有。大琴叶榕的叶片就像大提琴，而琴叶榕的叶片则像小提琴，要小很多。

在花木市场上，大琴叶榕常常被标名为琴叶榕出售，实际上，这是两种产地不同的植物。你学会辨认了吗？ 周敏

刘蕾 摄

琴叶榕

二、城市绿化植物

台湾栾树

学名：*Koelreuteria elegans* (Seem.) A. C. Smith subsp. *formosana* (Hayata) Meyer
科属：无患子科 栾树属

台湾栾树是我国台湾省特有种。在栾树属中，它也是唯一一种具有 5 枚花瓣的；此外，它的小叶基部极偏斜。这两个特点，令它在几种栾树中具有很高的辨识度。

台湾栾树为乔木，二回羽状复叶，小叶近革质，边缘有小锯齿。大型圆锥花序顶生，花黄色。圆圆的蒴果成熟后由淡紫色变为红褐色，犹如小灯笼挂在枝头，十分美丽。

台湾栾树大约在秋季十月开花，被誉为"深秋美人"。它的花期短暂，金黄花的小花凋落以后，很快便结出肉肉的红果。深秋时节，台湾栾树常将城市里的行道树染成一片迷人的红黄彩色，若此季来到乡村，满山绿意间见到的一抹红，多半也是它的漂亮红果。

在台湾，人们也叫它"苦楝舅"，因为它的叶形似苦楝；又因为叶子会经历从绿色至黄色，再从红褐色到褐色的四色过程，也被称为"四色树"。周敏

大花五桠果

学名：*Dillenia turbinata* Finet et Gagnep.
别名：大花第伦桃、枇杷果
科属：五桠果科 五桠果属

大花五桠果是常绿乔木，高达30米；树皮灰色或浅灰色。嫩枝粗壮，有褐色茸毛；老枝秃净，干后暗褐色。叶互生，厚革质，倒卵形或长倒卵形，先端圆形或钝，长12~30厘米，宽7~14厘米，幼嫩时上下两面有柔毛，老叶上面变秃净，下面被褐色柔毛，侧脉16~27对，脉间相隔6~15毫米，在上面很明显，在下面强烈突起，边缘有锯齿。总状花序生枝顶，有花3~5朵。花直径10~12厘米，有香气；花瓣5枚，薄，匙状，黄色，先端圆，稀白色或粉红色。果实近于圆球形，不开裂，直径4~5厘米，种子倒卵形，暗褐色。花期2—5月，果期2—9月。

大花五桠果分布于我国广东、广西、福建、海南、云南。越南也有分布。

大花五桠果株形美观，树冠开展如盖，叶色青绿，花大耀眼，花色金黄，果红娇艳，是极佳的观花观果树种，适合热带、亚热带地区的庭园观赏树、行道树或果树。它还有生长迅速、根系深、不怕强风吹袭、栽培管理可以较为粗放的优点。由于其叶形优美，叶脉清晰，新叶褐红色，渐黄渐绿，也适宜盆栽观叶。另外，它的果实成熟后可食用，多汁且略带酸味，也作为果酱原料。 刘蕾

二、城市绿化植物

火筒树

学名：*Leea indica* (Burm.f.) Merr.
别名：番婆怨、祖公柴、五指枫、红吹风
科属：葡萄科 火筒树属

火筒树是常绿灌木或小乔木。高3~6米，小枝圆柱形，有纵向纹路，全株平滑无毛。茎枝脆弱，易折断。三至四回羽状复叶，羽片及小羽片均为对生，小叶卵形至披针形，边缘有锐锯齿，长6~15厘米，宽2.5~8厘米。总叶柄基部膨大而成鞘状以包住茎部。花腋生，聚伞花序，又排成伞房形，5数花，花萼浅5裂，花瓣三角形长椭圆状，雄蕊合生。果实浆果，扁球形，外具不明显纵向凹沟，嫩时浅绿，后转土黄色，成熟为红褐色，种子5~6粒。花期5—8月，果期7—12月。

火筒树产于广东、广西、海南、贵州、云南。它分布较广，从南亚到大洋洲北部均有。

火筒树得名是由于其花朵盛开时像火一般耀眼。不过，因为它的茎干含有大量水分，不好干燥保存，拿来作柴薪燃烧会产生许多的烟雾熏得眼泪直流，让台湾的排湾族妇女很不喜欢这种植物，而有了"番婆怨"的别称。由于历史上曾用火筒树树干作刺杀武器，在台湾兰屿火筒树也是一种禁忌的植物，游客不要随意采摘。火筒树喜欢高温多湿的环境，生于海拔200~1 200米的山坡、溪边林下或灌丛中。它成长迅速，树性强健，抗污染性好，少见病虫害，叶色鲜绿，花红果密，被视为良好的庭园树种，也是很好的蜜源植物。成熟的果子可以生食，也可以盐或糖腌渍。需要注意的是它的枝叶、花粉和果实如接触或吸入可致皮炎和过敏反应。刘蕾

幌伞枫

学名：*Heteropanax fragrans*（Roxb.）Seem.
别名：罗伞枫、大蛇药、五加通、凉伞木
科属：五加科 幌伞枫属

　　幌伞枫是常绿乔木，高 5~30 米，胸径可达 70 厘米。树皮灰棕色，有细密纵裂纹，枝无刺。三至五回羽状复叶互生，小叶对生，纸质，椭圆形至狭椭圆形，无毛，全缘。多数小伞形花序排成大圆锥花序顶生；花淡黄白色，芳香。花瓣 5，卵形，镊合状排列；萼近全缘；雄蕊 5；果球形、卵形或扁球形，黑色。种子椭圆形而扁。花期 10—12 月，果期翌年 2—3 月。

　　幌伞枫产于印度、不丹、孟加拉、缅甸和印度尼西亚。在中国云南、广西、广东、海南、福建等地有分布。

　　幌伞枫树冠圆整，姿态优雅，形如罗伞，阳光下的大树羽叶巨大，枝叶婆娑，绿意浓浓，侧枝下垂，新叶卷曲，为优美的观赏树种。大树可作公园的风景树、庭荫树及行道树，幼年植株也可盆栽观赏，置大厅或大门两侧，可显示热带风情。以根、树皮入药，性味苦、凉，清热解毒，活血消肿，止痛。**刘蕾**

二、城市绿化植物

鱼木

学名：*Crateva formosensis*（Jacobs）B. S. Sun
别名：树头菜、三脚鳖
科属：白花菜科 鱼木属

鱼木是落叶乔木，高5~16米，枝常中空，散生显著白点及灰色皮孔。指状复叶，具长柄；小叶3枚，有时5枚，小叶纸质卵形或卵状披针形，长5~18厘米，宽3~8厘米，先端急尖或渐尖，具侧脉8~11对，侧生小叶基部不对称，背灰绿色，全缘，平滑。房花序顶生，有花10~15朵；花大，直径5~7厘米，初白色，后变淡黄色；雄蕊13~30。浆果近球形，直径2~4厘米，表面粗糙，有凸起的黄灰色小斑点。种子多数。花期3—7月，果期7月。

鱼木产于我国台湾、广东北部、广西东北部、重庆，生于海拔400米以下的沟谷或平地、低山水旁或石山密林中。日本南部也有分布。

鱼木的枝干质轻而软，具有浮力又易于雕刻，可雕刻成小鱼形诱饵，用于钓鱼，所以被称为鱼木。树皮和果实有毒，台湾的鲁凯族人将鱼木树皮捣碎后撒入溪水中捉鳗鱼。鱼木易栽易长，树干通直，树形、叶片、花朵都具有很高的观赏价值，可栽作景观植物、庭园树或行道树。花儿紫红色的花丝纤细飞扬如蝴蝶触角，一簇花中下面黄花、上面白花，如一群白蝶和黄蝶在枝头上飞舞。**刘蕾**

红木（胭脂木）

学名：*Bixa orellana* L.
别名：胭脂木
科属：红木科 红木属

红木是多年生常绿灌木或小乔木，高 2~10 米。枝棕褐色，密被红棕色短腺毛。叶心状卵形或三角状卵形，长 10~20 厘米，宽 5~13 厘米，先端渐尖，基部圆形或几截形，有时略呈心形，边缘全缘，基出脉 5 条，掌状，侧脉在顶端向上弯曲，上面深绿色，无毛，下面淡绿色，被树脂状腺点；圆锥花序顶生，序梗粗壮，密被红棕色的鳞片和腺毛；花粉红色，直径 4~6 厘米，花瓣 5 枚，雄蕊多数。蒴果近球形或卵形，长 2.5~4 厘米，密生栗褐色长刺，刺长 1~2 毫米，2 瓣裂，种子多数，倒卵形，暗红色。花期 5—10 月，果期秋冬季。

红木原产于美洲热带地区。我国广东、广西、云南、福建、海南、台湾等地有引入栽培。

说起红木，人们最先想到的是红木家具。不过做家具的红木是黄檀、紫檀类材质坚硬、纹理美观的木材，不是本文介绍的红木。红木是天然染料植物，又叫胭脂木。胭脂木树病虫害少，喜光、喜酸性土壤，生长快，花果期长，开花时节，满树粉红，妩媚灿烂，果实似茸球，密被软刺，成熟时红色至暗红色，挂满枝头，耀眼动人，艳丽非常，是优美的园林绿化树种。从它的种子外皮提取出来的红色染料红木素 Annatto，属于类胡萝卜素染色剂，无毒无味，染着性好，可提供黄色、橘黄色、橙红色等多种色调，是国际上通用的功能食用色素，供染糕点、纺织物。美国印第安人或因纽特人将种子磨碎后产生的汁液当作体绘颜料，或者涂抹在嘴唇上成为口红，所以红木也有"Lipstick Tree"的称号；树皮可作绳索；种子供药用，为收敛退热剂。刘蕾

一、地区特色植物

三角椰子

学名：*Dypsis decaryi* (Jum.) Beentje & J. Dransf.
别名：三角槟榔
科属：棕榈科 三角椰子属

三角椰子茎单生，高 8~10 米；叶长 3~5 米，上举，羽状全裂，羽片 60~80 对，坚韧；叶鞘在茎上端呈 3 列重叠排列，近呈三棱柱状；果卵圆形，长 1.5~2.5 厘米，熟时黄绿色。花期 7—9 月。

三角椰子原产于马达加斯加。我国华南地区及海南有引种。

三角椰子体形非常高大，可达 15 米。但在原产地以外却并不容易长得那么高。叶子长约 2.5 米，灰绿色，羽状全裂。叶子基部的叶鞘膨大成三角形，三角椰子也因此得名。花序从叶下伸出，呈黄绿色。果实圆形、黑色，直径约 2.5 厘米，但不可食用。每年 7~9 月开花，色泽鲜艳，花朵和果实都具有一定的观赏价值。而且本树种枝叶舒展，树形奇特，所以倍受南方地区园林造景的青睐。

孙灏

狐尾椰子

学名：*Wodyetia bifurcata* A. K. Irvine.
别名：二枝棕、狐尾棕、狐狸椰子
科属：棕榈科 狐尾椰属

狐尾椰子植株高大通直。茎干光滑，略似酒瓶状，高12~15米。叶色亮绿，簇生茎顶，羽状全裂，长2~3米；小叶披针形，轮生于叶轴，形似狐尾；穗状花序，雌雄同株；果卵形，熟时橘红色至橙红色。

狐尾椰子原产于澳大利亚昆士兰州。我国华南地区及海南有广泛引种栽培。

顾名思义，像狐狸尾巴一样的叶子的植物，就是狐尾椰子了。狐尾椰子的树形高大笔直，茎干光滑而有淡淡的叶痕，最美的就要数它那"毛茸茸"的叶片了。和普通的棕榈科植物叶片不同的是，它的羽状小叶是轮生于叶轴之上，所以整个叶片也就显得圆滚滚的，和狐狸尾巴十分相像。通常一棵狐尾椰子会有7~9片这样的叶子。

陈玄达 摄   孙灏

陈玄达 摄

龙鳞桐

学名：*Sabal palmetto* (Walt.) Lodd. ex Roem. et Schult.
别名：菜棕、巴尔麦棕榈、箬棕、龙鳞棕、沙巴桐
科属：棕榈科 菜棕属

龙鳞桐是乔木，单生，高9~18米或更高。茎常被覆交叉状叶基；叶为明显的具肋掌状叶，长达1.8米，具多数裂片，叶柄粗壮，长于叶片；花序为大的复合圆锥花序，由分枝花序构成；果实黑色，近球形。花期6月，果期秋季。原产于美国东南部的北卡罗来纳至佛罗里达以及西印度群岛地区。我国福建、台湾、广东、广西、云南和海南等地有栽培。

龙鳞桐因茎干被覆的老叶基状似"龙鳞"而得名，其嫩叶可作蔬菜，故又名菜棕。我国南部省区自20世纪60年代开始引种栽培。龙鳞桐叶片阔大，树形优美，在园林中可作行道树或庭荫树。花是良好的蜜源，果实也可作为饲料。叶片可作建筑防雨覆盖物，还可用于工艺编织。树干因防水且坚硬常作为码头的木桩。本种喜阳光直射，成株耐寒抗风，沙漠地区也可栽培。繁殖方式以种子繁殖为主，但果实易被鸟、鼠吃食，因此不易采集到充分成熟的种子。**孙灏**

三药槟榔

学名：*Areca triandra* Roxb.
别名：山药槟榔、丛立槟榔
科属：棕榈科 槟榔属

三药槟榔茎丛生，高 3~4 米或更高，绿色，具环状叶痕；叶长 1 米，羽状全裂；具佛焰苞 1 枚，花后脱落；花单性，花序多分枝，雌雄同株；果卵状纺锤形，由黄色变深红色。种子椭圆形或倒卵球形。

三药槟榔原产于印度、越南、老挝、柬埔寨、泰国及马来西亚。我国台湾、广东、云南等省区有栽培。

三药槟榔的茎是丛生的，所以总是一大簇一大簇地聚集在一起。茎上具有明显的环状叶痕，看起来和竹子倒有几分相似。不过它的叶子是典型的棕榈科植物的羽状复叶，颀长的叶片向上伸展，然后末端下垂，十分优美。但更为好看的是它挂果之时，一串一串的果实直接从枝干上伸出。果实比槟榔稍小，成熟时果皮会从黄色慢慢转变成深红色。同一串果实上的果子可能会处于不同的成熟阶段，红黄混杂的小圆球一齐挂在枝干上，色泽鲜亮，惹人喜爱。孙灏

陈玄达 摄

二、城市绿化植物

蒲葵

学名： *Livistona chinensis* (Jacq.) R. Br.
别名： 扇叶葵、葵树
科属： 棕榈科 蒲葵属

蒲葵是乔木，高达 20 米。叶宽肾状扇形，径达 1 米以上。肉穗圆锥花序腋生，约 6 个分枝花序，总梗具 6~7 佛焰苞；花小，两性，黄绿色；核果黑褐色，椭圆形。花果期 4 月。

蒲葵产于我国南部。中南半岛亦有分布。

从学名 Chinensis 就可以看出，蒲葵的原产地是中国，它也是中国南方最为常见的棕榈科植物之一。相信很多 20 世纪 80 年代以前出生的人，童年时期都见过蒲葵制成的扇子。蒲葵叶柄和掌状叶片，浑然天成的就是一把扇子的模样，只需对蒲葵老叶和叶柄的边缘稍作处理，就是一把顺手好用的扇子了。所以每每看到蒲葵，总让我回忆起童年的生活，奶奶拍打着蒲葵扇子，轻轻地为我驱赶着蚊蝇和炎热。孙灏

陈玄达 摄

二、城市绿化植物

酒瓶椰子

学名：*Hyophorbe lagenicaulis* (L. H. Bailey) H.E. Moore
科属：棕榈科 酒瓶椰子属

酒瓶椰子单干，树干短，形似酒瓶，高可达 3 米，最大茎粗 38~60 厘米；肉穗花序多分枝，油绿色；浆果椭圆，熟时黑褐色。花期 8 月，果期为翌年 3—4 月。

酒瓶椰子原产于马斯克林群岛，我国台湾、广西、海南、广东、福建等地有引种栽培。

说到酒瓶椰子，从外形上就能一眼看出它名字的由来。光滑的树干，基部膨大成"大肚子"，看上去就像一个大号的酒瓶。瓶里还插着几根线条优美的羽状复叶，别有一番趣味。实际上这个酒瓶非常巨大，高可达 3 米。羽状叶整体呈拱形，并且基部会侧向扭转大约 45°，所以看起来特别饱满而又富层次感。微风吹过，叶子轻轻摇摆，就像巨鸟屁股上的羽毛，在阳光下摇曳生辉。孙灏

猩红椰子

学名：*Cyrtostachys lakka* Becc
别名：红槟榔、红椰子
科属：棕榈科 猩红椰子属

陈玄达 摄

猩红椰子是常绿灌木，茎干丛生，株高 3~4 米；叶片顶生，羽状复叶呈"弓"字形，裂片线形，25~30 对；花单性，雌雄同株；肉穗花序下垂，红色；坚果倒卵形，种子 1 粒。

猩红椰子原产于马来西亚、新几内亚及太平洋一些岛屿。海南作园林引种。

猩红椰子是热带一种常绿灌木，株高 4~5 米，因其叶柄和叶鞘颜色鲜红而得名。它是一种观茎的热带植物，具有很高的观赏价值。其羽状复叶翠绿修长，向上伸展的姿态很优雅，远远看去如同翩翩起舞的绿孔雀。它那分外惹眼的红色叶柄，更增添了几分生机。猩红椰子虽然外形美丽，却不易广泛栽培。它对生长环境要求相对苛刻，并且叶鞘的红色也需要在栽培至一定年限后才会出现，所以通常只有在热带地区才得以一睹风采。孙灏

二、城市绿化植物

酒瓶兰

学名：*Beaucarnea recurvata* Lem.
科属：龙舌兰科 酒瓶兰属

酒瓶兰也称象腿树，是龙舌兰科、酒瓶兰属的多肉植物。植株呈树状，老株在原产地高可达10米。茎直立，基部膨大，呈球状，直径可达1米，酷似酒瓶，老树皮龟裂成小方块。叶线形，簇生于茎干顶端，长1米左右，宽1~2厘米，粗糙，稍具革质，叶缘近光滑，叶色蓝绿或灰绿。雌雄异株，圆锥花序，小花白色或淡黄色。

酒瓶兰原产于墨西哥东南部热带地区，中国南方有栽培，喜温暖、干燥和阳光充足的环境，在半阴处也能生长，耐干旱，怕积水，稍耐寒，适宜在疏松透气、排水良好的沙质土中生长。4~10个月生长期要求有充足的阳光，若光照不足，新叶细而发黄，且易烂。张炜琪

陈玄达 摄

火炬姜

学名： *Etlingera elatior* (Jack) R. M. Smith
别名： 瓷玫瑰
科属： 姜科 茴香砂仁属

火炬姜为多年生宿根大型草本植物。原产于非洲及亚洲热带地区，目前我国广东、福建、台湾、云南等地有引种栽培。该种在原产地株高可10米以上，因气候条件限制，在我国栽培的火炬姜一般株高仅2~5米。

火炬姜茎有地上茎和地下茎之分，茎节被叶鞘所包不外露。其叶互生，2行排列，长圆状披针形，长30~60厘米，叶色深绿，光滑，有光泽。头状花序基生，从地下茎抽出，玫瑰花型，花瓣革质，表面光滑，亮丽如瓷，有50~100瓣，排列整齐，故有瓷玫瑰之称；花梗高1~2米，直径1~1.5厘米，淡绿色，挺直。盛花期为5—10月。

火炬姜花形独特，花色艳丽，由于其苞片革质肥厚，保水能力强，不易失水，因而保鲜时间长，在常规下可保持半月之久，是一种新颖的高档切花，近年来十分流行。同时，火炬姜还可做成大型盆栽供室内观赏。

张炜琪

陈玄达 摄

陈玄达 摄

二、城市绿化植物

陈玄达 摄

认识中国植物 海岛分册

金嘴蝎尾蕉

学名：*Heliconia rostrata* Ruiz & Pavon
别名：垂花火鸟蕉、倒垂赫蕉、五彩赫蕉、垂序蝎尾蕉、金鸟赫蕉
科属：蝎尾蕉科 蝎尾蕉属

陈玄达 摄

　　金嘴蝎尾蕉是蝎尾蕉属植物中最引人注目的蝎尾蕉种类。主要分布于美洲热带地区和太平洋诸岛，我国于1986年开始引进该植物，主要栽种于华南地区。

　　金嘴蝎尾蕉为多年生宿根、散生草本植物，株高150~250厘米，假茎细长，墨绿色，具紫褐色斑纹。叶柄鞘状，抱茎而生，叶片近似芭蕉，互生，呈长椭圆至带状阔披针形，叶长90~120厘米、宽15~26厘米，革质，有光泽，深绿色，全缘。金嘴蝎尾蕉花序长而下垂，花序长达40~70厘米，苞片短阔且排列较紧密，花色艳丽，自然花期为5—10月，每逢夏天就能开出奇特的花序，继而逐渐长成一串鲜艳夺目的花苞，每朵酷似鹤头，红毛金啄，两边排列，大小相仿，工整美妙。当其花穗悬空垂下时，仿佛一群从天而降的仙鹤，彼此交颈依偎，互拥轻歌曼舞，这种天然造化的艺术形象，令人叹为观止。张炜琪

二、城市绿化植物

陈玄达 摄

旅人蕉

学名: *Ravenala madagascariensis*
科属: 芭蕉科 旅人蕉属

国际植物园保护联盟（Botanic Gardens Conservation International，BGCI）的图标中的植物就是旅人蕉，该联盟的办事处就设在英国皇家植物园邱园内。图标中的植物就是旅人蕉被称为沙漠里守护生命的水站。传说非洲内陆有一支骆驼商队，在干旱炎热的沙漠中行走了几天几夜，迷失了方向，干粮吃完，水也喝尽，在他们奄奄一息、坐以待毙的时候，突然发现了沙漠中的旅人蕉。他们想折些叶片喂骆驼，没想到在叶片折断处流出大量的清水，于是他们得救了。庆幸之余，认为这种植物是旅行者的救护神，故称之为"旅人蕉"。

旅人蕉叶鞘内可以贮存雨水。下雨时，巨大的叶片承接的雨水顺着叶柄流入叶柄槽内。而下部宽大、排列紧密的叶柄严丝无缝，使得雨水只进不出，滴水不漏，再加上叶柄自身光滑的表皮和包被一层蜡质皮粉，不仅能有效地防止水分蒸发，还能提高自身的抗旱能力。用小刀在叶柄底部划开一个小口子，贮存的清水立刻奔涌而出。旅人蕉的叶柄能储存好几斤水，开的小口子会自动闭合，一天后又可为旅行者提供饮水。

旅人蕉的原产地是非洲的马达加斯加，在中国广东和台湾有栽培，为庭园绿化树种。它植株如孔雀开屏，叶型硕大、飘逸，于是作为观赏植物引进到中国南方。在热带的观光景区以装饰饭店亭廊和林园，别具风情，颇具热带风光，装饰效果极佳，也是适宜在公园或校园栽植、造景观赏。

胡冬平

陈玄达 摄

陈玄达 摄

烟火树

学名：*Clerodendrum quadriloculare* (Blanco) Merr.
别名：星烁山茉莉
科属：马鞭草科 大青属

烟火树是常绿灌木。株高 50 厘米左右，幼枝方形，墨绿色；叶对生，长椭圆形，叶背暗紫红色；聚伞花序顶生，小花多数，白色 5 裂，花筒紫红色；果实椭圆形。花期 6—11 月。

烟火树原产菲律宾及太平洋群岛等地。我国也有零星分布，以园林绿化栽培为主。

烟火树是一种特别美好的植物，开花时如同凝滞在最美一瞬的绚烂烟火。其聚伞形花序顶生，小花白色，花筒紫红色，而从花筒中吐露出的金色花蕊，更像是烟火划过天空留下的璀璨拖尾，光芒四射。那花蕊如金丝

陈少平 摄

陈少平 摄

陈玄达 摄

银柳一般，微风一吹就弹跳起舞不停。在花蕊的点缀下，整个花序如繁星点点，流彩生辉。孙灏

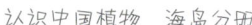

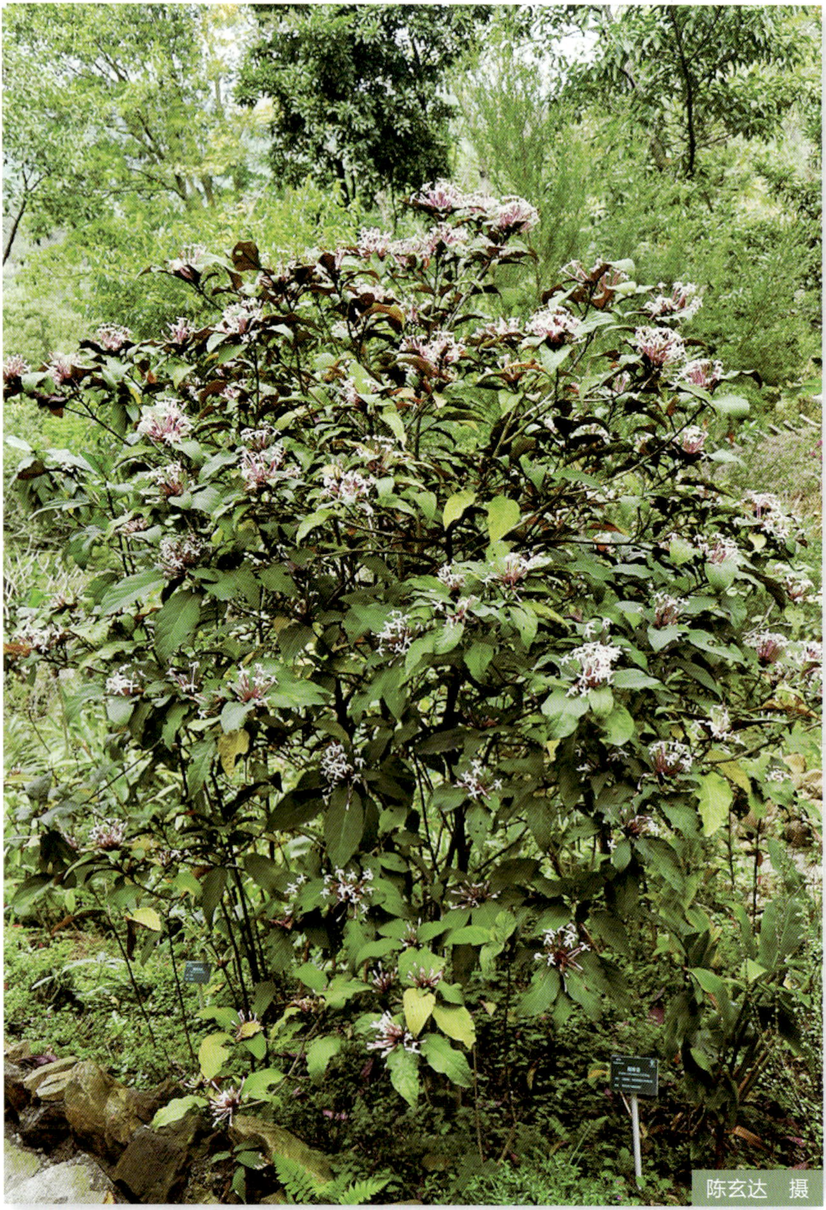

陈玄达 摄

银叶郎德木

学名：*Rondeletia leucophylla* Kunth
别名：木繁星、美皇冠、巴拿马玫瑰
科属：茜草科 郎德木属

银叶郎德木是常绿灌木或小乔木，株高可达 4 米，全株有毛。主枝干直立，侧枝纤细长伸，容易四散生长或因花朵重量而略为下垂。叶对生披针形，叶长 10~15 厘米，宽 2~4 厘米，叶面绿色有光泽，叶背灰绿色或银灰色，嫩叶布满细毛呈银色。聚伞花序顶生，有花数朵至多朵，花冠高脚碟状，有 4 裂或 5 裂的变化。花长 2~2.5 厘米，花径约 1 厘米，花色粉红至桃红。果实为蒴果，种子多而小。花期 11 月至翌年初夏。

银叶郎德木原产巴拿马、墨西哥和古巴。中国香港、台湾、广东等地有栽培。

郎德木属的植物学名来自法国自然历史学家医生兼植物学家 Guillaume Rondelet。银叶郎德木因叶片背面带银白色而得名。单花较小，冠管柔弱，但是小花聚集在一起组成一个紧凑的小花球，像古代仕女别在头上的簪花，精美细致。花还具绿茶香味，在黄昏后香味更加浓郁，而且只要枝条成熟就可以不定期开花，花苞繁密，是良好的蜜源植物。它喜温暖和充足的阳光、排水良好的土壤，适用于庭院美化，宜栽种花坛或盆栽。由于植株枝条细长，开花较不集中，可用修剪的方式让植株矮化，促进开花。 刘蕾

黄脉爵床

学名：*Sanchezia nobilis* Hook. f.
别名：金脉爵床、金叶木
科属：爵床科　黄脉爵床属

黄脉爵床是多年生常绿观叶植物。原产厄瓜多尔，在我国广东、海南、香港、云南等地植物园有栽培。灌木，高2米。叶具1~2.5厘米的柄，叶片矩圆形、倒卵形，顶端渐尖或尾尖，基部楔形至宽楔形，下沿边缘为波状圆齿，长9~15厘米，宽3.7~5.2厘米，叶脉金黄色，侧脉7~12条。顶生穗状花序小，苞片大，长1.5厘米，宽8毫米，花萼2.2厘米，花冠5厘米，冠管4.5厘米，冠檐5~6毫米，雄蕊4，花丝细长，伸出冠外，疏被长柔毛，花药2室，密被白色毛，背着，基部稍叉开；花柱细长，柱头伸出管外，高于花药。

黄脉爵床盆栽可用园土、泥炭土与河沙等量混合后加少量基肥配制作为基质。由于较喜光，光线弱容易导致节间伸长，造成徒长及叶色暗淡无光，所以必须保证较强的光线。夏季一般遮阴50%，冬季可不遮阴。在室内栽培

宜置于较强散射光处。为了保持株形美观，须定期修剪或摘心，以控制高度，促进侧枝生长，使枝叶繁茂。另外，在栽过程中，比较容易受介壳虫为害，如发现需立即用刷子清除，并用800~1 000倍氧化乐果防治。

张炜琪

陈玄达 摄

陈玄达 摄

金杯藤

学名：*Solandra nitida*
别名：金杯花
科属：茄科 金杯藤属

金杯藤是常绿藤本灌木。叶片互生，长椭圆形，浓绿色；单花顶生，花冠大型，杯状，淡黄色；花型巨硕，直径18~20厘米，花长约20厘米。

金杯藤原产中美洲，海南引种。

如果只看照片，你一定觉得金杯藤的花只是状若小杯子；但见到实物之后你就会被深深地震撼。原来这个金杯不是一只普通的杯子，而是实实在在和真正的奖杯一样大！仅仅是它的一个尚未打开的花苞，就堪比一个成年男性的拳头，打开之后金杯藤的花更是无法形容地霸气。有人甚至戏称，这哪里是金杯藤啊，分明应该叫金盆藤。其花朵之大也就可见一斑了。

金杯藤除果实外，全株有毒。孙灏

陈少平 摄

二、城市绿化植物

珊瑚藤

学名：*Antigonon leptopus* Hook. et Arn.
别名：朝日藤、山蔷薇
科属：蓼科 珊瑚藤属

陈玄达 摄

　　珊瑚藤是常绿藤本。叶互生，基部心形或戟形。花粉红色，有时白色，排成总状花序，夏秋之交繁花簇拥，艳丽夺目。瘦果三棱形，包藏于宿存的花被内。喜暖热气候，在湿润、排水良好的沙壤地生长良好。适栽种于花架、花棚、花篱等，亦可缘墙植之或盆栽观赏，其花可供插花、花篮、花圈之用。种子或插条繁殖。

　　在花语中，珊瑚藤被称为"爱的锁链"。相传在西洋神话里，有一位貌美的女神，吸引了众神的追求，却没有人能打动她的芳心。山神的母亲，一心想为儿子赢得女神，便到山里去采回了许多珊瑚藤，将其编织成藤衣和项链，要山神穿着它们再到女神的住处。当女神一打开门时，阳光正好照在珊瑚藤编制的衣服和项链上，刹那间，绽放出千朵粉灿呈珊瑚状的小花，以及代表无数真心的心型小叶，女神不禁脱口而出："好美丽的珊瑚藤啊！"于是山神把藤项链套在女神的玉颈上，赢得了女神的芳心。从而珊瑚藤也赢得了"爱的锁链"的花语。张炜琪

陈玄达 摄

陈玄达 摄

二、城市绿化植物

蒜香藤

拉丁文名：*Mansoa alliacea*（Lam.）A. H. Gentry
别名：紫铃藤、张氏紫葳
科属：紫葳科 蒜香藤属

蒜香藤是常绿木质藤本。植株蔓性，具卷须，三出复叶对生，小叶椭圆形，长7~10厘米，宽3~5厘米，全缘，深绿色具光泽。圆锥花序腋生，花冠筒状，花瓣前端5裂，花初开为紫色，后渐变至白色。花期5—11月。蒴果长约15厘米，扁平长线形。

蒜香藤原产圭亚那和巴西，在中国广东和海南等有分布。

蒜香藤花、叶在搓揉之后，有大蒜的气味，因而得名。含苞待放的花苞，好像一串串深紫色的灯泡，绽放之初为粉紫色，慢慢转为粉红色，最后变成白色而掉落，每朵花可维持5~7天。盛开时，远远望去似一片淡紫的云霞；近看成串的花朵，仿佛团团紫白相间的绣球，热闹非凡。长扁形的蒴果开裂后，散出薄如蝉翼的种子。由于具有浓浓的蒜香味，昆虫拒绝食用，栽培中没有发现明显的病虫害，又生性强健，一年能开多次花，适合种成花廊，作为篱笆、围墙美化或凉亭、棚架装饰之用，还可做阳台的攀援花卉或垂吊花卉。对于喜欢蒜香味的人们来说，它还可以作为时尚的驱蚊植物。其根、茎、叶均可入药，可治疗感冒、发热、咽喉肿痛等呼吸道疾病。刘蕾

十字爵床

学名：*Crossandra infundibuliformis* Nees
别名：半边黄、橙色单药花、鸟尾花
科属：爵床科 十字爵床属

十字爵床又称鸟尾花，是一种常绿小灌木，绿色叶片对生。花序从叶腋间伸出，橙色小花的花瓣挤在一侧，很像鸟的尾巴，所以取名鸟尾花。它的花期比较长，花形特别，花色艳丽，是海南很常见的绿化植物。鸟尾花原产印度，耐热，喜光也耐半阴，在海南这种一年四季温度都很高的地方，可以生长得很好，但在北方只能在室内种植，冬天在室外会被冻死。鸟尾花的橙色小花常和白色

陈玄达 摄

陈玄达 摄

二、城市绿化植物

的茉莉花串在一起，做成花环供奉神庙，或者做成美丽的头饰。在印度，鸟尾花还被称为"鞭炮花"，因为它的蒴果成熟后，在遇到降雨或者空气湿度很高的时候很容易炸开，喷出种子，飞出来的种子借助雨热条件生根萌芽，真是很聪明的植物！ 胡冬平

陈玄达 摄

沙漠玫瑰

学名：*Adenium obesum*
科属：夹竹桃科 沙漠玫瑰属

沙漠玫瑰是多肉灌木或小乔木，小灌木可栽于盆内家养，也可栽于地上，后者长得比较高。沙漠玫瑰正如其名，喜欢高温干燥和阳光充足的环境，耐酷暑，不耐寒，因原产地接近沙漠，且鲜艳如玫瑰，故名。

沙漠玫瑰树干粗矮，有点类似于专门培育的盆景柱桩，桩上分枝众多。叶革质，油亮，有利于锁住水分。单叶互生，集生于枝端，倒卵形至椭圆形，和海桐的叶子很像，全缘，先端钝而具短尖，肉质，近无柄。花冠漏斗状，外面有短柔毛，5裂，外缘红色至粉红色，甚至还有白色的，中部色浅，裂片边缘波状；顶生伞房花序，着花10多朵。种子有白色柔毛，可助其飞行散布。

沙漠玫瑰属于夹竹桃科植物，具有一定的毒性，乳汁毒性尤其强，如误食沙漠玫瑰，会出现心跳加速、心律不齐等症状。胡冬平

马利筋

学名：*Asclepias curassavica* L.
科属：萝藦科 马利筋属

马利筋在海南、广东、广西、福建、台湾、云南、贵州、四川、湖南、江西等省区均有栽培，原产拉丁美洲的西印度群岛，现广植于世界各地的热带及亚热带地区。

马利筋为多年生直立草本，常呈灌木状。全株有白色乳汁。叶膜质，披针形至椭圆状披针形，基部楔形而下延至叶柄。聚伞花序顶生或腋生，有花10~20朵。花冠紫红色，5深裂，裂片反折；雄蕊着生于花冠基部，花丝合生成筒，称为合蕊柱。它的种子个个都是"伞兵"，自带"降落伞"，果实裂开后，长着长长种毛的种子可以随风飘到远处安家落户。

在马利筋的花冠与雄蕊之间，还有一圈合生的黄色花冠状附属物，叫作副花冠。它小巧玲珑的红色花冠美若莲花，黄色的副花冠形似桂花，人们形象地叫它"莲生桂子花"。此外，还有一种花冠黄色的，叫作黄冠马利筋。

做蝴蝶标本的人往往会大量种植马利筋，这是为什么呢？原来，马利筋的花朵里蕴藏着丰富的花蜜，能吸引大量蝴蝶前来探访，更有不少蝴蝶的幼虫以马利筋为食物。所以，在成片种植马利筋的地方，往往能看到漫天飞舞的蝴蝶。 周敏

认识中国植物 海岛分册

龟甲竹

学名：*Phyllostachys heterocycla* (Carr.) Mitford
别名：龙鳞竹、佛面竹、龟文竹、马汉竹、黍节竹
科属：禾本科 刚竹属

龟甲竹枝杆直立、粗大，高可达 20 米，表面灰绿，节粗或稍膨大，从基部开始，下部竹竿的节间歪斜，交互连接成不规则相连的龟甲状；叶披针形，一束 2~3 枚；花枝穗状，长 5~7 厘米，颖果长椭圆形。笋期 4 月，花期 5—8 月。

龟甲竹分布于中国秦岭、汉水流域至长江流域以南和台湾省，黄河流域也有多处栽培。

竹子自古就被人们赋予很深的寓意，倍受中国传统文化之推崇。龟甲竹则是竹子家族中的优秀成员，已被人们培育出了许多不同的栽培类型。而在命名上，龟甲竹也是占了便宜的，抢了它的原生种毛竹［*Phyllostachys edulis* (Carrière) J. Houz.］的位置，成为原栽培型，而由于国际命名法中优先律原则，毛竹则只能作为龟甲竹的栽培型而被命名。不过名字只是人类给予植物的一个标签罢了，对于竹子们自己，才不管谁是谁的祖师爷，谁又屈居于谁之后。就像古人对竹子的赞美一样，它们挺拔洒脱，清秀俊逸，四季常青，也从来不曾被世事纷扰。孙灏

蝴蝶兰

学名：*Phalaenopsis aphrodite* Rchb. F.
别名：蝶兰、台湾蝴蝶兰
科属：兰科 蝴蝶兰属

野生蝴蝶兰原产于我国台湾的恒春半岛、兰屿和台东，生长在低海拔的热带和亚热带的丛林树干上。菲律宾也有分布。

蝴蝶兰的茎很短，常被叶鞘所包；叶片稍肉质，常3~4枚或更多，上面绿色，背面紫色，长圆形；花序侧生于茎的基部，花序柄绿色；花序轴紫绿色，常具数朵由基部向顶端逐朵开放的花；萼片3，具网状脉；花瓣呈半月形，中间部分有一波浪状起伏，两片花瓣相对而生，犹如蝴蝶的一双翅膀，另一花瓣映衬在蝶翼之下，像是蝴蝶的身体部分。花色丰富美丽，花期长。

蝴蝶兰色彩丰富，从纯白、粉红、黄花着斑或线都有。育种专家们利用各地收集到珍贵的原种进行人工杂交，改良出各种花色、花型，花的尺寸上也有很大变化。黄花红斑、红点、红线、纯黄、白花红心等色彩在兰花展上都可看到，蝴蝶兰已是当今兰花之后。方碧真

杂交蝴蝶兰

杂交蝴蝶兰

三、常见野生植物

高山榕

学名：*Ficus altissima* Bl.
别名：大叶榕、大青树、万年青
科属：桑科 榕属

高山榕是高大乔木，高可达 25~30 米，叶互生，草质。3—4 月开卵球形花序，5—7 月结果，成熟时黄色，可食用，生活在热带雨林的原始民族，以它的果实、块根、嫩枝叶等为生。高山榕为阳性树种，四季常绿，树冠广阔，树姿丰满壮观，人们认为它具有"灵魂"，因此在西双版纳，高山榕几乎是各民族崇拜的"神树"。

高山榕主要分布在海南、广西、云南（南部至中部、西北部）、四川。生长于海拔 100~1 600 米的山地或平原。这种树木不仅十分高大，也能对其他树木进行"绞杀"，取而代之，它们在枝丫上能长出很多的气生根，并发育成粗大的支柱根，形成"独树成林"的奇观。且根和枝的柔韧性很强，易于曲折，适宜各种造型，是制作盆景的上佳树种。任磊

陈玄达 摄

三、常见野生植物

八角枫

学名：*Alangium chinense* (Lour.) Harms
别名：华瓜木
科属：八角枫科 八角枫属

八角枫是高大落叶乔木或灌木，高 3~5 米；小枝略呈"之"字形，幼枝紫绿色，无毛或有稀疏的疏柔毛，冬芽锥形，生于叶柄的基部内。叶纸质，近圆形或椭圆形、卵形，顶端短锐尖或钝尖。聚伞花序腋生，被稀疏微柔毛，有 7~30 朵花，最多可达 50 朵。花冠圆筒形，花瓣 6~8，初开为白色，后变黄色。核果卵圆形，幼时绿色，成熟后黑色，顶端有宿存的萼齿和花盘，种子 1 颗。花期 5—7 月和 9—10 月，果期 7—11 月。

八角枫产于中国河南、陕西、甘肃、江苏、浙江、安徽、福建、台湾、江西、湖北、湖南、四川、贵州、云南、广东、广西和西藏南部；海南地区有栽培。常生于海拔 1 800 米以下的山地或疏林中，东南亚及非洲东部各国也有分布。八角枫可入药，根名白龙须，茎名白龙条，可治风湿、跌打损伤、外伤止血等。树皮纤维可编绳索。木材可做家具及天花板等。陈婉

白背枫

学名: *Buddleja asiatica* Lour.
别名: 驳骨丹、七里香、狭叶醉鱼草、亚洲醉鱼草
科属: 马钱科 醉鱼草属

白背枫产于海南、福建、台湾、广东、广西及西南等省区,亚洲广泛分布。

白背枫为直立灌木或小乔木。它开花时的花量极为惊人,总状花序细密而繁多,小白花细管状,花冠先端4裂,花药着生在花冠管喉部。这花虽然细小,却有着强烈、辛辣而清凉的香气,随着夜风一阵阵地飘荡在四周,别名七里香还真是名不虚传。

白背枫这个名字,来自于叶片特征。它的叶对生,细长似柳叶,背面密被一层灰白色绵毛;边缘全缘,或具有不明显的齿。别名也叫作狭叶醉鱼草。因为本种在亚洲分布广泛,也叫亚洲醉鱼草。

白背枫的根和叶可供药用,有祛风化湿、行气活络之功效,中药里的"驳骨丹"就是它,摘取它的叶子熬水洗身,可治皮肤瘙痒。 周敏

鹧鸪麻

学名： *Kleinhovia hospita* L.
别名： 克兰树、倒地铃、馒头果
科属： 梧桐科 鹧鸪麻属

鹧鸪麻是乔木；树皮灰色，呈片状剥落。叶广卵形或卵形，顶端渐尖或急尖，基部心形或浅心形，全缘或在上部有数小齿；叶柄长3~5.5厘米。聚伞状圆锥花序长50厘米；花浅红色，密集；萼片浅红色，如花瓣状；花瓣比萼短，其中一片成唇状，顶端黄色；蒴果梨形或略成圆球形，膨胀，成熟时淡绿色而带淡红色；种子圆球形。花期3—7月。

鹧鸪麻是一种广泛分布于热带地区的乔木，在我国仅分布于海南及台湾。它的木材轻软，质地细腻，可制家具和网罟的浮子等。树皮的纤维可编绳和织麻袋。鹧鸪麻于民间的药用历史悠久，其叶及树皮含氰，有燥湿止痒、杀虫疗癣的功效，可治皮疹、痒痛、头虱等。现代药理作用研究发现，鹧鸪麻具有良好的保肝护肝作用。

金宁

三、常见野生植物

美丽火桐

学名：*Erythropsis pulcherrima* (Hsue) Hsue
别名：美丽梧桐
科属：梧桐科 火桐属

美丽火桐是落叶乔木，也是海南特有植物。通常分布于海南省琼海、陵水、万宁、三亚等地的低海拔热带季雨林中。它的树皮灰白，叶大，呈掌状分裂。它的红色花朵小而精致，数量繁多，成串像炮仗一般挂在枝头，加之具有先花后叶的特性，开花时往往一片红艳，在绿色的背景衬托下显得分外夺目，具有极高的观赏性。由于美丽火桐分布范围小，数量少，故也被列入《中国植物红色名录》和《海南省重点保护植物名录》内。期望在不久的将来，这种美丽的观赏植物能被广泛驯化推广为园林植物，让更多的人能欣赏到它独特而震撼的美。金宁

白树

学名：*Suregada glomerulata* (Bl.) Baill.
科属：大戟科 白树属

　　白树为多年生的灌木或乔木，高 2~13 米；枝条灰黄色至灰褐色，无毛。叶薄革质，倒卵状椭圆形至倒卵状披针形，长圆状椭圆形少见，全缘，两面均无毛。聚伞花序与叶对生，花梗和萼片具微柔毛或近无毛，花萼片近圆形，边缘具浅齿；雄花的雄蕊多数；雌花花盘环状。蒴果近球形，有 3 条浅纵沟，成熟后完全开裂；具宿存萼片。花期 3—9 月。

　　分布于广东南部、海南、广西南部和云南南部。生于灌木丛中。分布于亚洲东南部各国、澳大利亚北部。有一定的驱蚊能力。 陈婉

三、常见野生植物

破布叶

学名：*Microcos paniculata* L.
别名：布渣叶、薕衣子、麻布叶、烂布渣
科属：椴树科　破布叶属

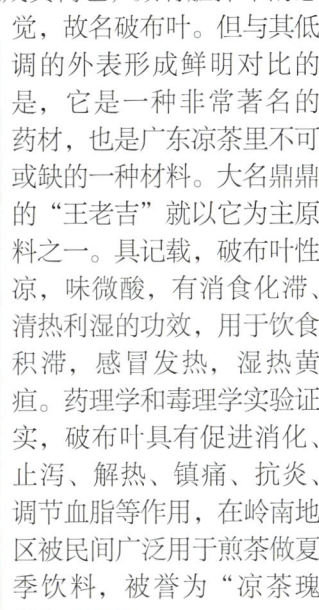

破布叶是灌木或小乔木，树皮粗糙。叶薄革质，卵状长圆形，先端渐尖，基部圆形，三条叶脉从基部发出。顶生圆锥花序；萼片长圆形，外面有毛；花瓣长圆形，黄白色；雄蕊多数。核果近球形或倒卵形。花期6—7月。

破布叶产于我国广东、广西、云南。中南半岛、印度及印度尼西亚有分布。

破布叶的叶子看起来皱皱的，摸上去干燥而脆，稍微用力便能撕烂，加之晒干后会变成黄褐色，颇有脏抹布的感觉，故名破布叶。但与其低调的外表形成鲜明对比的是，它是一种非常著名的药材，也是广东凉茶里不可或缺的一种材料。大名鼎鼎的"王老吉"就以它为主原料之一。据记载，破布叶性凉，味微酸，有消食化滞、清热利湿的功效，用于饮食积滞，感冒发热，湿热黄疸。药理学和毒理学实验证实，破布叶具有促进消化、止泻、解热、镇痛、抗炎、调节血脂等作用，在岭南地区被民间广泛用于煎茶做夏季饮料，被誉为"凉茶瑰宝"。 金宁

陈玄达　摄

认识中国植物 海岛分册

陈玄达 摄

陈玄达 摄

羽叶金合欢

学名：*Acacia pennata* (Linn.) Willd.
别名：蛇藤、加力酸藤、南蛇簕藤
科属：含羞草科 金合欢属

羽叶金合欢原产于我国云南、广东、福建。亚洲和非洲的热带地区广布。

羽叶金合欢为攀援、多刺藤本，常攀附于灌木或小乔木的顶部。总叶柄基部及叶轴上部羽片着生处稍下均有凸起的腺体1枚。二回羽状复叶，羽片8~22对；小叶30~54对，线形，中脉靠近上边缘。头状花序圆球形，直径约1厘米，单生或2~3朵聚生，排成腋生或顶生的圆锥花序，被暗褐色柔毛。荚果带状。花期3—10月，果期7月至翌年4月。

在云南省的普洱、西双版纳等地区，菜市场上常有一种散发出浓郁怪味的新鲜蔬菜售卖，当地人称为"臭菜"，这正是羽叶金合欢的嫩芽，是当地傣族等少数民族食用的传统蔬菜之一。臭菜煎鸡蛋就是当地最富特色的菜肴之一，在高温加热后，臭菜的奇怪臭味会变成一种奇异的香味。周敏

猴耳环

学名：*Pithecellobium clypearia* (Jack) Benth.
别名：鸡心树、婆劈树、三不正、尿桶公、洗头木、落地金钱
科属：含羞草科 猴耳环属

猴耳环是多年生高大乔木。二回羽状复叶，羽片3~8对，通常4~5对。花数朵聚成小头状花序，再排成顶生和腋生的圆锥花序，钟状，白色或淡黄色。荚果条形旋卷，外缘呈波状，形似小耳环。1984年7月由华南植物研究所分类室鉴别原植物为含羞草科，后由世界卫生组织将其归到豆科猴耳环属。

猴耳环不是猴子的耳环，是一种比较珍稀的中药材，早在明代就被医药学家李时珍收录在《本草纲目》中。在《广西药植名录》中也有描述：猴耳环消肿；治疗风湿、跌打、火烫伤。民间传统以猴耳环枝叶煮水洗疮及化脓性伤口、湿疹等。它主要产浙江、福建、台湾、广东、广西、云南，生于林中，在亚洲热带地区广泛分布，树皮含单宁，可提制栲胶。任磊

刘金刚 摄

喙荚云实

学名: *Caesalpinia minax* Hance
别名: 南蛇簕、石莲子、老鸦枕头，打鬼棒、鬼棒头
科属: 苏木科 云实属

喙荚云实是一种有刺藤本，植株各部被短柔毛。叶片为二回羽状复叶，羽片5~8对；小叶6~12对，椭圆形或长圆形。总状花序或圆锥花序顶生，单朵花瓣为5，花白色，倒卵形，有紫色斑点。荚果长圆形，先端圆钝而有喙，果瓣表面密生针状刺，有种子4~8颗；种子椭圆形，与莲子相仿，一侧稍洼，有环状纹。种子在狭的一端。花期4—5月，果期7月。

喙荚云实产于中国广东、广西、云南、贵州、四川。福建、海南地区有栽培。常生于山沟、溪旁或灌丛中，海拔400~1 500米处，种子可做药，叫作石莲子，有开胃、清心解热、除湿之效。民间用于治咽炎、无名肿毒，外敷治蛇伤；叶可洗疮癞，治皮肤过敏等。陈婉

陈玄达 摄

草海桐

学名：*Scaevola sericea* Vahl
科属：草海桐科 草海桐属

草海桐是海南沿海地带很常见的常绿亚灌木，取名为草海桐，大概是因为枝条顶端密密的叶片跟海桐有点像，但是它比海桐叶片要大得多。翠绿的叶片向外反卷，肥厚的叶片表面有一层蜡质，肉肉的叶片不仅能让它适应海南高温、强紫外线的环境，还为昆虫潜叶蝇提供美味的食物，我们常会在草海桐的叶片上看到潜叶蝇啃出来的白色潜道。

比起繁密的叶片，它的花就显得小很多了，从叶腋里伸出来的扇形的白色小花，像被不小心切了一半似的。它的果实椭圆形，是可以吃的，味道有点甜。

草海桐的茎粗且光滑，通常长到 1~2 米，也可以长得更高，枝条扦插很容易生根萌发，而且生长迅速，是个海岸防风固沙小能手，不仅海南，福建、广东等海岸也有草海桐的身影。胡冬平

陈玄达 摄

三、常见野生植物

陈玄达 摄

陈玄达 摄

鸦胆子

学名: *Brucea javanica* (L.) Merr.
别名: 鸦蛋子、苦参子、老鸦胆、苦泰子
科属: 苦木科 鸦胆子属

鸦胆子是常绿灌木或小乔木,产于福建、台湾、广东、广西、海南和云南等省区山林,尤其喜欢生活在石灰岩山地。它的果实成熟时黑色,大小如鸟胆、榛子,且味极苦,故有鸦胆子、苦榛子之名。鸦胆子为我国民间常用传统中草药,在我国资源丰富。它作为药用植物的历史可以追溯到明清时期,主要以它的成熟、干燥果实入药。中医认为其性寒、味苦,有清热、解毒、燥湿、杀虫、止痢、截疟、腐蚀赘疣的功效,在治疗痢疾、痔疮、疔毒、赘疣、鸡眼等疾病方面有着悠久的历史,且效果良好。需注意的是鸦胆子壳及种子均有毒,临床的毒性反应发生率较高。其毒性成分主要存在于水溶性的苦味成分中,为剧烈的细胞原浆毒,对中枢神经有抑制作用,对肝肾实质有损害作用,并能使内脏动脉显著扩张,引起出血。

金宁

三、常见野生植物

酒饼簕

学名：*Atalantia buxifolia* (Poir) Oliv.
别名：山柑仔、乌柑、东风橘、狗橘
科属：芸香科 酒饼簕属

酒饼簕是一种常绿灌木，产于我国海南和台湾，以及福建、广东、广西等省区南部，通常见于离海岸不远的平地、缓坡及低丘陵的灌木丛中。叶倒卵形，硬革质，暗绿色；在叶的基部有托叶发育而来的硬刺。数朵白色的小花簇生在一起。果实圆球形，成熟时蓝黑色，味道甜。酒饼簕在植物的亲缘关系上与我们平时熟知的柑橘类植物较为接近，它的叶子也会散

发出柑橘般的味道，因而也叫作东风桔。在滨海地区，它生于盐分颇高的砂土上，是一种耐盐植物，有积聚土壤中硼的功能，有抗线虫及抗旱特性。它的根、叶可入药，有祛风散寒、行气止痛的功效。在海南，黎族人民常用于治疗流感、咳嗽、疟疾、胃痛等。此外，它的木材淡黄白色，坚密结实，为细工雕刻材料。在园艺上，它也时常被用作盆景造型。 金宁

台湾火棘

学名： *Pyracantha Koidzumii* (Hayata) Rehd.
别名： 台湾火刺木、台东火刺木、状元红
科属： 蔷薇科 火棘属

台湾火棘产于台湾卑南、恒春及东海岸各地。生长于河岸多石地区、荒野或丛林中。

台湾火棘为常绿丛生灌木，小枝往往呈刺状。叶片长椭圆形至窄倒卵形，先端微凹或截形，叶边全缘，上面光亮，下面苍白色，幼时密被短柔毛，逐渐脱落。伞房花序，直径3~4厘米；花梗与萼筒外面均被毛；花瓣5，白色，先端微凹；雄蕊20，花柱5，与雄蕊等长。

台湾火棘为台湾的特有植物，它鲜红色的果实成熟时，常繁密地挂满枝头，十分喜庆，在台湾常常作为观赏盆景栽培。

台湾火棘与我们常见的火棘（*Pyracantha fortuneana*）的花、果实与植株形态都十分相似，主要的区别在于叶形不同：火棘的叶缘有圆钝锯齿，叶背面是绿色的。周敏

假杜鹃

学名：*Barleria cristata* L.
别名：蓝钟花、洋杜鹃
科属：爵床科 假杜鹃属

假杜鹃是常绿小灌木，株高 1~2 米。茎圆柱状，被柔毛，有分枝。叶片纸质，椭圆形、长椭圆形或卵形，长 3~10 厘米，宽 1.3~4 厘米，先端急尖，基部楔形。叶腋内通常着生 2 朵花。短枝有分枝，花在短枝上密集。苞片无柄，小苞片披针形或线形。花冠蓝紫色或白色，唇形，通常长 3.5~5 厘米，花冠管圆筒状，冠檐 5 裂，长圆形。蒴果长圆形，长 1.2~1.8 厘米。种子 4 颗，有微毛。花期 11 月至翌年 3 月，果期冬春。

假杜鹃产于我国台湾、福建、广东、广西、海南、四川、贵州、云南和西藏等省区。中南半岛、缅甸、印度和印度洋一些岛屿也有分布。

假杜鹃性强健，易栽培，不择土壤，以疏松、排水良好的中性、微酸性土壤为佳，宜在华南地区疏林下湿润地片植，也适合绿篱、整形或盆栽观赏。花期正逢百花凋零之际，它枝叶繁茂，灰暗的树林下开满蓝花和白花，野趣横生，清新宜人。假杜鹃全草入药，可通筋活络、消肿止痛、清肺化痰。刘蕾

野牡丹

学名：*Melastoma candidum* D. Don
别名：山石榴、大金香炉、猪古稔、豹牙兰
科属：野牡丹科 野牡丹属

野牡丹是常见的观赏灌木，全体无毛。叶为二回三出复叶；叶片轮廓为宽卵形或卵形，羽状分裂，裂片披针形至长圆状披针形。花2~5朵，红色、红紫色，生枝顶和叶腋。花盘肉质。蒴果坛状球形，密被鳞片状粗糙伏毛，种子镶于肉质胎座内。花期5月，果期7—8月。

野牡丹分布于云南西北部、四川西南部及西藏东南部。海南地区多有栽培，野外常生海拔2 300~3 700米的山地阳坡及草丛中。根可以药用，叫作"赤丹皮"，可治吐血、尿血、血痢、痛经等症。陈婉

陈玄达 摄

三、常见野生植物

陈玄达 摄

陈玄达 摄

苘麻

学名: *Abutilon theophrasti* Medicu
科属: 锦葵科 苘麻属

苘麻是一年生植物，除青藏高原不产外，我国其他各省区均产，路旁、荒地和田野间常见。它的枝叶上都长满了毛，花黄色、五瓣，花瓣上有明显脉纹，花期7—8月，果期是9—10月。苘麻的蒴果长得特别有趣，活像碾米面用的石磨子，所以有些地方人叫它磨盘草。古人拿苘麻的种子来食用，像米饭一样煮食，现代因为发现它含油量丰富，为15%~16%，榨油主要供制皂、油漆和工业用润滑油。苘麻的杆色白轻巧，现代用它做纸扎工艺品的骨架或微型建筑造型工艺品；苘麻茎、叶可提炼苎麻浸膏，止血效果较好。苘麻还是神奇的"响耳草"，治耳聋、耳鸣有显著奇效。福建历代畲民一直保留着奇特的"瓦缸发酵"工艺，其方法是将配好的"响耳草"装入特别的瓦缸中，选一合适之地深埋九九八十一天后在晚上取出，再用畲族独特的制药工艺将其制作成丸剂性。由于"响耳草"的炮制工艺极其复杂，因此，畲族医生常将其作为祖传秘方收藏。 陈婉

三、常见野生植物

磨盘草

学名：*Abutilon indicum* (Linn.) Sweet
别名：金花草、唐挡草
科属：锦葵科 苘麻属

磨盘草是一年生或多年生直立的亚灌木状草本，高度可达 1~2.5 米，分枝多，全株均被灰色短柔毛。叶卵圆形或近圆形，边缘具不规则锯齿，两面均密被灰色星状柔毛。花单生于叶腋，花萼盘状、绿色，花黄色，花瓣 5。果为倒圆形似磨盘，黑色，分果爿 15~20，先端截形，具短芒，被星状长硬毛。种子肾形，被星状疏柔毛。花期 7—10 月。

磨盘草产于中国台湾、福建、广东、广西、贵州和云南等省区，海南地区也有栽培。它常生于海拔 800 米以下的地带，如平原、海边沙地、旷野、山坡、河谷及路旁等处。越南、老挝、柬埔寨、泰国、斯里兰卡、缅甸、印度和印度尼西亚等热带地区也有分布。磨盘草皮层纤维可为麻类的代用品，可织麻布、搓绳索和加工成人造棉供织物和垫充料。全草可供药用，有散风、清血热、开窍、活血之功，为治疗耳聋的良药。陈婉

陈玄达 摄

陈玄达 摄

露兜树

学名：*Pandanus tectorius* Sol.
别名：林茶、华露兜、假菠萝、野菠萝、山菠萝
科属：露兜树科 露兜树属

露兜树为常绿分枝灌木或小乔木，常左右扭曲，具多分枝或不分枝的气根。露兜树叶为条形，簇生于枝顶，呈3行紧密螺旋状排列，叶缘和背面中脉均有粗壮的锐刺。分雌雄花，雄花序由若干穗状花序组成，佛焰苞长披针形，花近白色有芳香；雌花序头状，单生于枝顶，圆球形，佛焰苞多枚，乳白色。聚花果大，向下悬垂，由40~80个核果束组成，圆球形或长圆形，幼果时绿色，成熟时桔红色。花期1—5月。

露兜树分布于中国福建、台湾、广东、海南、广西、贵州和云南等省区，生于海边沙地或引种作绿篱。也分布于亚洲热带地区、澳大利亚南部。露兜树叶纤维可编制凉席、帽等工艺品，也可以用来包粽子，叶嫩芽可食；根与果实入药，有治感冒发热、肾炎、水肿、腰腿痛、疝气痛等功效；鲜花可提取芳香油。露兜树也是很好的防风固沙和海滨绿化植物。

陈婉

陈玄达 摄

陈玄达 摄

羊角拗

学名：*Strophanthus divaricatus* (Lour.) Hook. et Arn.
别名：羊角扭、羊角藕、羊角树、羊角果、菱角扭
科属：夹竹桃科 羊角拗属

羊角拗是灌木，高达2米，是一种花奇果亦奇的植物。全株无毛，上部枝条蔓延，小枝圆柱形，棕褐色或暗紫色。叶薄、纸质，椭圆状长圆形或椭圆形，顶端渐尖或急尖，基部楔形，边缘全缘或有时略带微波状，叶面深绿色，叶背浅绿色。

羊角拗有很多别名，这些别名多数是从其果实形状来取名的，其蓇葖果两个，广叉，形似两只羊角。有的地方称其为断肠草，《中国植物志》记载，羊角拗全株含毒，种子含有毒毛旋花苷，"能刺激心脏，误食可致死"，山上遇见了，千万不要贪吃去尝试。

笔者第一次见到羊角拗，是在深圳梧桐山。那天快下山时，在一个灌木丛中，就看到了开花的羊角拗，带紫色条纹的黄花冠顶端，居然延出5条长达10厘米左右的黄色长尾巴，一下子想到了京剧之中老生的长胡须，猜不透这一进化的作用是什么。难道是一种显示存在吸引传粉者蝴蝶或者昆虫的生存智慧？ 胡冬平

白藤

拉丁文名：*Calamus tetradactylus* Hance
别名：鸡藤、黄藤
科属：棕榈科 省藤属

白藤是攀援藤本，丛生，茎细长。叶羽状全裂，羽片 2~3 片成组排列，顶端的 4~6 片聚生，披针状椭圆形，边缘具刚毛状微刺。穗状花序，花小。果实球形，外表有像蛇皮一样的鳞片。花果期 5—6 月。

白藤主产我国云南、海南、广东、广西、福建等省区，常生在亚热带、热带的季雨林中，依靠坚韧的茎和茎上的刺攀援于林冠之间。白藤具有很高的经济价值，去鞘藤茎（藤条）表皮乳白色、抗拉强度大，编制出的各种工艺品坚韧、光滑、美观大方、结实耐用，是编织和制作家具的优良材料，用其制作的家具和工艺品畅销国际市场，是我国重要的创汇商品。海南岛是白藤的主产区，但由于热带森林面积锐减，野生资源因过度开发而逐渐枯竭，优良藤种濒危，导致原藤产量和品质下降，岛内原藤仅能满足小型藤器加工厂的原料需求，每年需大量进口原藤。此外白藤还能以全株入药，能发汗、祛风、活血、止血，治风寒感冒，类风湿关节炎，跌打损伤，闭经，外伤出血。 金宁

三、常见野生植物

学名：*Entada phaseoloides* (L.) Merr.
别名：过江龙、榼藤子
科属：含羞草科 榼藤属

榼藤也叫榼藤子，是一种常绿木质大藤本。茎常扭旋，枝无毛。叶片为二回羽状复叶，羽片通常2对，顶生1对羽片变为卷须；小叶2~4对，对生革质，长椭圆形或长倒卵形。穗状花序长15~25厘米，单生或排成圆锥花序式，被疏柔毛；花白色，细小密集，略有香味。荚果长达1米，扁平弯曲状，呈木质，成熟时逐节脱落，每节内有1粒种子；种子扁平近圆形暗褐色，成熟后种皮木质，有光泽，具网纹。花期3—6月，果期8—11月。

榼藤分布于我国台湾、福建、广东、广西、云南、西藏等省区，海南地区多有栽培，常生于山涧或山坡混交林中，攀援于大乔木上。东半球热带地区广布。榼藤茎皮及种子均含皂素，可作肥皂的代用品；茎皮的浸液有催吐、下泻作用，有强烈的刺激性，误入眼中可引起结膜炎。种子含淀粉及油，种仁含油约17%，经处理后方可食。全株有毒。陈婉

首冠藤

学名：*Bauhinia corymbosa* Roxb. ex DC.
别名：深裂叶羊蹄甲
科属：苏木科 羊蹄甲属

首冠藤为木质藤本。嫩枝、花序和卷须的一面被红棕色小粗毛。叶纸质，近圆形。4—6月开花，伞房花序式的花朵呈簇状生于侧枝上，十分芳香，花瓣白色，有粉红色脉纹，花丝淡红色。9—12月结带状长圆形荚果。

首冠藤分布于亚热带、热带，在我国的广东、海南、香港等地有分布，喜光、喜温暖至高温湿润气候，耐贫瘠，适应性强。新叶和卷须飘逸优美，叶子精美小巧，花色淡雅怡人，果实红艳可爱，是理想的木本攀援花卉和垂直绿化植物。任磊

陈少平 摄

美丽鸡血藤

学名：*Callerya speciosa* (Champion ex Bentham) Schot
别名：美丽崖豆藤、牛大力
科属：蝶形花科 崖豆藤属

美丽鸡血藤是藤本，树皮褐色。羽状复叶，小叶通常6对，硬纸质，长圆状披针形，边缘略反卷，上面无毛，干后粉绿色、光亮；小叶柄密被绒毛。圆锥花序腋生，常聚集枝梢成带叶的大型花序，密被黄褐色茸毛，花1~2朵并生或单生密集于花序轴上部呈长尾状；花大，有香气；花冠白色、米黄色至淡红色，花瓣近等长。荚果线状，长形，扁平；种子卵形。花期7—10月，果期翌年2月。

美丽鸡血藤分布于海南、福建、台湾、广东、广西、湖北、湖南、江西。

美丽鸡血藤有个更广为人知的名字——牛大力，听名字就知道其来头不小。据介绍，牛大力的药用价值有：养肾补虚、强筋活络，有平肝、润肺之功效，主治肾虚，对气虚、腰酸腿痛、风湿病、慢性肝炎、支气管炎、咳嗽、肺结核等有很好的疗效。牛大力药食同源，既可以入药，也可以食用。尤其在岭南地区，很多居民使用牛大力熬汤，煲出的汤甘香甜口，口味极佳，深受人们的喜爱。 金宁

麒麟叶

学名：*Epipremnum pinnatum* (Linn.) Engl.
别名：麒麟尾、上树龙、飞天蜈蚣
科属：天南星科 麒麟叶属

麒麟叶是攀援藤本植物。茎粗壮圆柱形，气生根具发达的皮孔，平伸，紧贴于树皮或石面上。叶片薄革质，幼叶狭披针形或披针状长圆形，基部浅心形，成熟叶宽的长圆形，基部宽心形，沿中肋有2行星散的、有时为长达2毫米的小穿孔。花序柄圆柱形，基部有鞘状鳞叶包围。佛焰苞外面绿色，内面黄色，肉穗花序圆柱形，种子肾形，稍光滑。花期4—5月。

麒麟叶产于中国台湾、广东、广西、云南的热带地域，附生于热带雨林的大树上或岩壁上。福建、海南等省有栽培。自印度、马来半岛至菲律宾、太平洋诸岛和大洋洲都有分布。麒麟叶在广州、海南等南方地区可露天越冬，常栽种于墙边、花架、石柱等处，作为垂直绿化、点缀环境之用。茎叶也供药用，能消肿止痛；可治跌打损伤、风湿关节、痈肿疮毒。

陈婉

刺毛黧豆

学名：*Mucuna pruriens* (L.) DC.
科属：蝶形花科 黧豆属

刺毛黧豆是一年生半木质缠绕藤本。羽状复叶具 3 小叶，叶的大小变化大。总状花序腋生，长而下垂，每节生 2~3 朵花，花梗、花萼均密被浅棕色短毛；蝶形花冠，暗紫色。荚果长圆形，稍呈 S 形，密被深褐色、橙色或金黄色长硬刺毛；种子 3~6 颗，浅黄褐色，褐色至黑色，椭圆形。

刺毛黧豆是一种广泛分布于亚洲、美洲热带地区、非洲热带地区的藤本植物，在我国主要分布于云南南部、贵州西南部、海南和广西。它最醒目的特点就是那布满深褐色刺毛的荚果，远看神似一串毛茸茸的猫尾巴。它的英文名 velvet bean（意为天鹅绒般的豆）就很贴切地形容了它的荚果形态。不过如果你因为好奇心驱使而与它亲密接触的话，那接下来发生的事一定会让你痛不欲生。它豆荚上的毛能够刺入皮肤表层，并带入一种叫黧豆蛋白酶的化学物质，可引起严重的瘙痒、烧灼和肿胀。而且一旦搔抓，还会引起身体其他部位也随之瘙痒，可以说非常厉害。它的种子可提取含量较多的左旋多巴，广泛用于治疗与多巴胺有关的肌张力障碍和帕金森症。 金宁

海刀豆

学名：*Canavalia maritima* (Aubl.) Thou.
科属：蝶形花科 刀豆属

海刀豆得名于它的花朵粉色美丽，状如刀豆。海刀豆常生于海边沙滩，是一种粗壮的草质藤本。它茎被稀疏的微柔毛。叶片是具3小叶的羽状复叶，小叶倒卵形、卵形、椭圆形或近圆形，先端通常圆、截平、微凹或具小凸头，稀渐尖。总状花序腋生，花1~3朵聚生于花序轴近顶部的每一节上，花萼钟状，花冠紫红色，旗瓣圆形，翼瓣镰状，具耳，龙骨瓣长圆形，弯曲，具线形的耳。荚果线状长圆形，顶端具喙尖，种子椭圆形。花期6—7月。

海刀豆生于海边沙质土壤上、村庄旁、河岸树丛中。主要分布于我国东南部至南部，蔓生于海边沙滩上，在海南等热带海岸地区广泛分布。海刀豆为中国植物图谱数据库收录的有毒植物，其豆荚和种子有毒。人中毒后头晕、呕吐，严重者昏迷。豆荚和种子经水煮沸、清水漂洗后可供食用，但常因加工不当而发生中毒。陈婉

小叶红叶藤

学名：*Rourea microphylla*（Hook. et Arn.）Planch.
科属：牛栓藤科 红叶藤属

小叶红叶藤是攀援灌木，多分枝。奇数羽状复叶，小叶通常7~17片，有时多至27片，叶轴长5~12厘米，小叶片坚纸质至近革质，卵形、披针形或长圆披针形，长1.2~5.5厘米，宽0.5~2厘米，先端渐尖，基部楔形至圆形，常偏斜，全缘，两面均无毛，上面光亮，下面稍带粉绿色；中脉在腹面凸起，侧脉细，4~7对，小叶柄长2毫米。圆锥花序腋生，花瓣白色、淡黄色或淡红色，椭圆形，长5毫米。果红色，椭圆形或斜卵形，长1.0~1.5厘米，弯曲或直。种子椭圆形，长约1厘米，橙黄色。花期7—8月，果期5月至翌年3月。

小叶红叶藤分布于我国广东、广西、海南、福建、云南。越南、斯里兰卡、印度、印度尼西亚也有分布。

小叶红叶藤是华南山区最常见的野生植物之一，生于海拔100~600米的山坡或疏林中。鲜红的嫩枝幼叶点缀于绿树丛中，常被误认看成大片红花，阳光下熠熠闪耀，给朴素的山林增添自然美色。可引种做篱墙、单植或丛植于花坛草坪做配景植物。茎皮含单宁，可提取栲胶；全株药用，外敷治疗跌打损伤。本种与红叶藤很相近，其区别在于小叶对数较多。刘蕾

金钟藤

学名: *Merremia boisiana* (Gagn.) v. Ooststr. var. *boisiana*
科属: 旋花科 鱼黄草属

金钟藤为大型缠绕草本或亚灌木，一般生于疏林润湿处或次生杂木林。叶近圆形，偶为卵形。花为漂亮的黄色漏斗状花朵，花冠白色。其生长非常速度，一个星期可以长 1~2 米，一年可以长至 40~50 米长，生命力极强。而且生长繁殖也可以不靠种子，长叶的地方落地就可以生根，很快就能覆盖大片林地。金钟藤已成为入侵植物，由于没有和它竞争的植被环境，也没有制约它大量繁殖的昆虫天敌，所以迅速蔓延生长，成为森林杀手。

金钟藤在中国主要分布于我国广东、海南、广西西南、云南东南部、越南、老挝及印度尼西亚（苏门答腊东海岸）等地亦有生长。金钟藤生长茂盛，花色金黄，有一定的观赏性，但用于公路、坡地做地被植物或立体绿化会对生态系统带来严重危害。任磊

陈玄达 摄

三、常见野生植物

五爪金龙

学名：*Ipomoea cairica* (Linn.) Sweet
别名：番仔藤、掌叶牵牛、槭叶牵牛
科属：旋花科 番薯属

五爪金龙是多年生缠绕草质藤本，茎长达甚至超过 5 米，略具棱，具白色乳汁。根块状。叶掌状 5 裂或全裂，中裂片较大，卵状披针形、卵形或椭圆形，长 3~10 厘米；叶柄基部具小的掌状 5 裂的假托叶。聚伞花序腋生，具 1~3 朵花，偶有 3 朵以上；花冠紫红色、紫色或淡红色，漏斗状，长 4~6 厘米，有 5 个雄蕊。蒴果近球形，种子黑色，密被毛。花果期几乎全年。

五爪金龙原产地不详。中国台湾、福建、广东、广西、云南及沿海岛屿有分布。

五爪金龙习性强健，花大而美丽，花期长，所以约 100 年前香港作为观赏花卉引入种植，用于棚架、花架等垂直绿化。逸生后生长于全日照以及排水良好的平地、山地、路边灌丛的向阳处，常生荒地、海岸边的矮树林、灌丛、溪沟边。五爪金龙有很强的攀爬能力，覆盖小乔木、灌木和草本植物，已经在华南地区广泛蔓延，是园林中的重要杂草，抑制当地物种生长，对生物多样性和园林景观造成危害。全株或根可供药用，主治跌打损伤、骨折、风湿肿痛、闭经，叶片可提取挥发油。刘蕾

认识中国植物 海岛分册

毒瓜

学名：*Diplocyclos palmatus* (L.) C. Jeffery
科属：葫芦科 毒瓜属

毒瓜为攀援草本，在广东也叫作花瓜。地下根呈块状，枝叶间生有卷须，常分为2叉。叶片粗糙，掌状5深裂。雌雄花常各数朵簇生于同一叶腋。花后结球形浆果，成熟时红色而有白色花纹，似迷你西瓜，但却绝不能食用，果实和根部皆有剧毒，人误食成熟果实后，会引起头痛、呕吐、腹泻、痉挛，甚至会死亡。猪食少量果实，也会引起呼吸困难、抽搐，最后死亡。

毒瓜花期3—8月，果期7—12月。主要分布于我国台湾、广东和广西。常生于海拔1 000米左右的山坡疏林或灌丛中。越南、印度、马来西亚、澳大利亚和非洲也有生长。任磊

相思子

学名：*Abrus precatorius* L.
别名：红豆、猴子眼、鸡母珠、相思豆、相思藤
科属：蝶形花科 相思子属

相思子是藤本，茎纤细，多分枝，疏被白色糙伏毛。羽状复叶，小叶 8~13 对，对生。总状花序腋生，花序轴甚短；花小，密集成头状，花萼钟状，花冠紫色。荚果长圆形，种子椭圆形，平滑有光泽，上部 2/3 红色，下部 1/3 黑色。花期 3—6 月，果期 9—10 月。

相思子生于山地疏林中。产于我国台湾、广东、广西、云南。广布于热带地区。

都说相思子有毒，这话一点不假，相思子的种子色泽艳丽，却剧毒无比，足以让任何一个相思成疾之人瞬间"痊愈"。话虽如此，相思子本身确实是一种十分美丽的植物，无论是名字还是形

态，都独具魅力。相思子学名中的 *Abrus* 来源于希腊语的 habros，意思是优美、雅致的，以此来形容相思子枝叶的优美；*precatorius* 有祈祷之意，可能是因为相思子的种子状若佛珠。如此优雅而又美好的外表，却隐藏着剧毒的本质，正如那希腊神话中危险而又性感的蛇妖美杜莎。

别名鸡母珠一词的来源已久不可考，但绝对与优雅无关。或许是古人丰厚的中医底蕴，早已看穿它的毒辣本质，所以给了它这样一个至俗之名。最近也屡见误食相思子致死的报道，可见人们长久以来对吃之执着。许多景区也喜欢拿相思子的种子制成饰品贩卖，而佩戴者无惧中毒风险，实乃是慕其容而又爱其意啊。 孙灏

猪屎豆

学名:*Crotalaria pallida* Ait.
科属:蝶形花科 猪屎豆属

猪屎豆为多年生草本,有时呈灌木状,茎枝被紧贴的短柔毛。它是一种韧性很强的植物,可在河床地、堤岸边、多砂多砾的环境生长。叶三出,小叶长圆形或椭圆形。总状花序顶生,有花10~40朵,花冠黄色。荚果长圆形,果瓣开裂后扭转,有种子20~30颗。花果期9—12月。

猪屎豆产于我国福建、台湾、广东、广西、四川、云南等地,山东、浙江、湖南亦有栽培。猪屎豆全草可入药,现代临床试验发现其

陈少平 摄

陈玄达 摄

三、常见野生植物

抗肿瘤效果较好。此外，该种还可用作园林植物和绿肥植物。但猪屎豆种子和幼嫩枝叶有毒，人畜误食种子或茎叶，严重者会因腹水和肝功能丧失而导致死亡。任磊

陈少平 摄

陈少平 摄

陈玄达 摄

地不容

学名：*Stephania epigaea* Lo
别名：白地胆、抱母鸡、地胆、地芙蓉
科属：防己科 千金藤属

地不容是一种多年生的草质落叶藤本，明显特征是它的块根硕大，通常扁球状，暗灰褐色。植株初生时嫩枝为肉质、紫红色、有白霜，干时则现条纹。叶片常膜质扁圆形，很少近圆形，顶端圆或偶有骤尖。花朵为单伞形聚伞花序，腋生，稍肉质，常紫红色而有白粉，雄花序簇生几个至10多个小聚伞花序，每个花序有花2~3朵，很少5~7朵；紫色或橙黄色而具紫色斑纹，雌花序与雄花序相似，但较紧密。果梗短而肉质，核果红色，果核倒卵圆形。花期春季，果期夏季。

地不容主要产于云南东部、中部和西部，四川西部和南部。海南等地亦常见栽培。常生于石山。地不容有小毒，块根是传统中药，有清热解毒、镇静、理气、止痛的功效。陈婉

小省藤（海南省藤）

学名：*Calamus gracilis* Hance
别名：海南省藤、纤细省藤、细茎省藤
科属：棕榈科 省藤属

小省藤是攀援藤本。叶羽状全裂，羽片每 3~5 片成组着生，偶有单生的。雄花序二回分枝或基部为三回分枝，顶端具纤弱的纤鞭，约有 7 个分枝花序，雌花序二回分枝，顶端具纤弱的纤鞭，具 5~7 个分枝花序，每侧有 3~5 个小穗，侧有 5~7 朵花，雌花长花萼短圆筒状，花冠深裂成 3 裂片，稍长于花萼。果实卵状椭圆形，新鲜时橙红色，干时草黄色，具狭边，中央有深沟槽。种子椭圆形，稍扁，表面具细洼点，合点孔穴小。花果期 5—6 月。

小省藤多产于海南及云南南部。生于较低海拔的热带森林中。印度、孟加拉等国亦产。其藤茎质地优良，是编织藤器的好原料。陈婉

厚藤

学名：*Ipomoea pes-caprae* (L.) Sweet
别名：海薯、沙藤、白花藤
科属：旋花科 番薯属

厚藤为多年生草本，全株无毛。叶互生，表面上有一层很厚的革质，可以避免水分的散失，形状似马鞍，故也叫作马鞍藤。厚藤为多歧聚伞花序，花开在叶腋，有时仅1朵发育，呈紫色或深红色，漏斗状。因常栽培于海边沙滩，亦有海薯、沙藤、白花藤等名，几乎遍布全世界热带地区的海边。

厚藤产于浙江、福建、台湾、广东、广西以及海南及其邻近岛屿，多生长在沙滩上及路边向阳处，是典型的沙砾海滩植物。它同时也是沙砾不毛之地防风定沙第一线植物，可改变沙地微环境，以利其他植物生长，具有美化海岸及定沙功用。其茎、叶可作猪饲料，全草能入药，有祛风除湿、拔毒消肿之效。任磊

蛇王藤

学名：*Passiflora moluccana* Reinw. ex Bl. var. *teysmanniana* (Miq.) Wilde
别名：双目灵、治蛇灵
科属：西番莲科 西番莲属

蛇王藤为草质藤本，长可达6米。是马来蛇王藤的变种。其茎具条纹并被有散生疏柔毛，叶膜质，披针形、椭圆形至长椭圆形，先端钝尖或圆形，基部近心形，叶背面被毛或近光滑。聚伞花序近无梗，单生于卷须与叶柄之间，有2~12朵花，花白色，花瓣5枚。浆果球形，近三角状椭圆形，暗黄色。花期1—4月。

蛇王藤产于中国广西、广东、海南。生于海拔100~1 000米的山谷灌木丛中。老挝、越南、马来西亚均有分布。蛇王藤可作药材，以全株入药，具有清热解毒、和胃止痛等作用。陈婉

龙珠果

学名：*Passiflora foetida* L.
科属：西番莲科 西番莲属

龙珠果原产西印度群岛，栽培于我国海南、广西、广东、云南、台湾等热带亚热带地区。现为泛热带杂草。

龙珠果为草质藤本，叶膜质，宽卵形至长圆状卵形，先端3浅裂，基部心形，边缘呈不规则波状；叶柄无腺体。聚伞花序退化仅存1花，与卷须对生，花白色或淡紫色，直径2~3厘米。

在西番莲属里，龙珠果很好辨认，因为它的苞片特化变成一至三回羽状分裂的细丝状，就像一只精美的草编笼子一样把果实包裹保护起来。苞片的顶端具有腺毛，常常分泌出黏性物质，其中还含有消化酶。这些腺体可以粘住昆虫，保护花和幼果，降低它们被取食的概率。

龙珠果受损伤的叶子常散发辛辣的臭味，其学名中 *foetida* 的意思就是"臭的"。然而，它的果实却是甜的，可以食用，想不到吧？周敏

三、常见野生植物

蒌叶

学名：*Piper betle* L.
别名：蒟酱、芦子、槟榔蒟
科属：胡椒科 胡椒属

陈玄达 摄

蒌叶是攀援藤本。叶纸质至近革质，阔卵形至卵状长圆形，顶端渐尖，基部心形；叶脉7条，从基部发出，网状脉明显。花单性，雌雄异株，穗状花序；雄花序开花时几乎与叶片等长；苞片圆形，盾状；雌花序长3~5厘米，于果期延长。浆果下部与花序轴合生成一柱状、肉质、带红色的果穗。花期5—7月。

蒌叶又名蒟酱、芦子、槟榔蒟，是我国古代有名的栽培植物。据明代李时珍《本草纲目》中说，蒟酱有破痰积，治心腹虫痛、胃弱虚泻、霍乱吐逆，解酒食味、散结气、治牙痛等作用。蒌叶富含芳香油，提炼后可作调香原料。叶、果入药，有行气止痛功能，治胃痛、腹胀、消化不良等。可用作食品添加剂，研制保健食品、开发保健药品等。在东南亚及太平洋的一些国家和地区，人们喜欢用蒌叶抹上石灰后包裹槟榔嚼食，具有刺激和提神的作用（但嚼食槟榔可引发口腔癌）。此外蒌叶的叶片厚大，色泽浓绿，气味芳香，遮阴及观赏效果较好，抗病抗虫性强，栽培技术简单，适宜在楼房、庭院中种植。可用作城市与乡村的绿化、观赏植物。金宁

大藻

学名：*Pistia stratiotes* L.
别名：水白菜、水莲花、大叶莲
科属：天南星科 大藻属

大藻是大藻属的唯一物种，一种水生飘浮草本，有长而悬垂的根多数，须根羽状，密集。叶簇生，呈莲座状，叶片常因发育阶段不同而形异，有倒三角形、倒卵形、扇形，以至倒卵状长楔形，叶脉扇状伸展，背面明显隆起成折皱状。佛焰苞白色，外被茸毛。花期5—11月。

大藻在福建、台湾、广东、广西、云南各省区热带地区野生，湖南、湖北、江苏、浙江、安徽、山东、四川等省都有分布。大藻全株作猪饲料。但却是危害很大的入侵植物，据统计，华东地区4—10月为它的生长期，夏季晴天高温时，一株大藻在10天左右可增殖7~8株，1个月可增殖60株左右。但大面积漂浮在水面上的大藻不仅阻碍了阳光，而且阻碍了空气中的氧气进入水体，从而导致水体变质，影响原有生物的存活和生长。所以它是最危险入侵物种之一。陈婉

陈玄达 摄

假马鞭

学名：*Stachytarpheta jamaicensis* (L.) Vahl.
别名：假败酱、倒团蛇、玉龙鞭、马鞭子
科属：马鞭草科 假马鞭属

假马鞭别名有很多，常叫作马鞭子等。是多年生粗壮草本或亚灌木，高 0.6~2 米，幼枝近四方形，疏生短毛。叶片厚纸质，椭圆形至卵状椭圆形，边缘有粗锯齿，两面均散生短毛。穗状花序顶生，花单生于苞腋内，一半嵌生于花序轴的凹穴中，螺旋状着生；花冠深蓝紫色。果肉藏于膜质的花萼内，成熟后 2 瓣裂，每瓣有 1 种子。花期 8 月，果期 9—12 月。

假马鞭分布于中国福建、广东、广西和云南南部。海南多有栽培，常生长在海拔 300~580 米的山谷阴湿处草丛中。原产中、南美洲，东南亚广泛有分布。假马鞭全草可药用，有清热解毒、利水通淋之效，可治尿路结石、尿路感染、风湿筋骨痛、喉炎、急性结膜炎、痈疖肿痛等症，也被用来作绿化景观植物。陈婉

篱栏网

学名： *Merremia hederacea* (Burm. f.) Hall. f.
别名： 鱼黄草
科属： 旋花科 鱼黄草属

篱栏网又名鱼黄草，是一年生细弱缠绕草本，常匍匐于地面生长；叶互生，心状卵形，通常裂成一大二小的3部分；3~5朵黄色的花朵排列成聚伞花序生于叶腋，花朵喇叭形，直径1~1.5厘米。有5枚雄蕊；果实扁球形。

篱栏网的名字源于它十分常见，在一些农村郊野经常能看见它爬满菜园的篱笆。虽然外貌平平，但它黄色的喇叭状小花倘若走近仔细看，却也显得精致美丽。它全草可入药，能清热解毒、利咽喉，用于感冒、急性扁桃体炎、咽喉炎、急性眼结膜炎等。

鱼黄草属全世界共有80余种，广泛分布于热带地区，我国约有16种。其中除了鱼黄草外，北鱼黄草（*M.sibirica*）、掌叶鱼黄草（*M.itifolia*）等都是药用植物。金钟藤（*M.boisiana*）则是一种臭名昭著的入侵植物，号称植物杀手，它繁殖力极强，经常成群结队地爬上树冠，犹如巨网般覆盖在树冠上，没多久树木就会因为缺乏阳光和水分逐渐死亡。 金宁

陈玄达 摄

三、常见野生植物

陈玄达 摄

肾茶

学名：*Clerodendranthus spicatus* (Thunb.) C. Y. Wu
别名：猫须草、猫须公
科属：唇形科 肾茶属

肾茶是多年生草本，以药效来命名，而"猫须草"的别名是以其外形来命名。

《中国植物志》记载，肾茶地上部分入药，治急慢性肾炎、膀胱炎、尿路结石及风湿性关节炎，对肾脏病有良效。市场上有机构采天然猫须草的叶子配制成茶饮销售的，所以取名为肾茶。肾茶茎直立，高1米左右，四棱形，具浅槽及细条纹，被倒向短柔毛。叶卵形、菱状卵形或卵状长圆形，先端急尖，基部宽楔形至截状楔形，边缘具粗牙齿或疏圆齿，齿端具小突尖，纸质。认准了叶子的形状，再懂得一点药理或者请专人指导，就可以自己制作肾茶饮品了。

而猫须草主要是从其外形来命名的。它的花为轮伞花序，一轮6花，在主茎及侧枝顶端组成具总梗长8~12厘米的总状花序；每一小花有4根长长的雄蕊，1根长长的雌蕊，被花管收为一束，远远伸出花冠之外，看起来就像猫嘴两边的长胡须，故取名猫须草。

个人认为，从植物学的角度来看，还是猫须草这个名字更通俗易懂一些。如果不懂其药效，看到肾茶这个名字会感觉莫名其妙，而且一点也不像一种植物的名字。**胡冬平**

三、常见野生植物

火炭母

学名：*Polygonum chinense* L.
科属：蓼科 蓼属

火炭母是多年生草本。火炭母之名，来源于其果实，黑色如炭，外面包着的那一层透明的温润如白玉的东西，是其膨大的肉质花被，植物学上称为"母"。火炭母是热带、亚热带地区很常见的一种蓼科植物，而且适应性很强，从海拔 30 米到 2 400 米都有分布。笔者曾经在海拔 1 770 米的马来西亚云顶高原以及 800 多米的深圳梧桐山山间，都看到过火炭母。

火炭母根状茎粗壮，基部近木质，茎直立，高 70~100 厘米，通常无毛，具纵棱，多分枝，斜上。叶卵形或长卵形，顶端短渐尖，基部截形或宽心形，边缘全缘，两面无毛，有时下面沿叶脉疏生短柔毛，下部叶具叶柄，通常基部具叶耳，上部叶近无柄或抱茎；托叶鞘膜质，无毛，具脉纹，顶端偏斜，无缘毛。花序头状，通常数个排成圆锥状，顶生或腋生，含苞时洁白如玉，花柄处红色，非常美丽。胡冬平

台湾虎尾草

学名：*Chloris formosana*（Honda）Kong
科属：禾本科 虎尾草属

陈玄达 摄

台湾虎尾草为一年生野生草本，多生于路边、荒地、果园、苗圃等地方，高20~70厘米。叶片线形，两面无毛或在近鞘口处偶有疏柔毛。8月左右开花，穗状花序4~11枚，穗轴被微柔毛，在夏季高温多雨时生长很快，容易形成群落，或与其他杂草混生，是一种容易爆发的"热草"。10月左右结颖果纺锤形，长约2毫米。

台湾虎尾草主产福建、台湾及广东沿海诸岛，海南等地亦有分布。常生于海边沙地。陈婉

陈玄达 摄

四、珍稀保护植物

降香

学名： *Dalbergia odorifera* T. chen
别名： 海南黄花梨、降香檀、花梨木、降香黄檀
科属： 蝶形花科 黄檀属

降香又名降香黄檀，也被称为海南黄花梨，是豆科黄檀属的乔木植物，高10~15米，树皮淡褐色、粗糙，有纵裂槽纹，小枝有密集小皮孔。羽状复叶，小叶4~5对，近革质，卵形或椭圆形。圆锥花序腋生，分枝呈伞房花序状；花长约5毫米，初时密集于花序分枝顶端，后渐疏离，花冠乳白色或淡黄色，各瓣近等长，均具长约1毫米瓣柄，旗瓣倒心形，翼瓣长圆形，龙骨瓣半月形，背弯拱；荚果舌状长圆形，基部略被毛，顶端钝或急尖，基部骤然收窄与纤细的果颈相接，果瓣革质，含种子部分明显凸起，形如棋子，有种子1或2粒。主要分布在海南岛的中部和南部，生长于中海拔的山坡疏林、林缘或林旁旷地上。

降香具有优秀的材质：边材淡黄色，质略疏松；心材红褐色，坚重，纹理致密美观，自然形成天然图案（俗称"鬼脸"）。降香的木材耐腐蚀、耐磨、不裂下翘，且散发芳香，是制作高级红木家具、工艺品、乐器和雕刻、镶嵌、美工装饰的上等材料。此外，降香还具有较高的药用价值。但因它生长周期长，野生降香已几乎被采伐殆尽，因而成为珍稀濒危物种，被列为国家二级重点保护植物。**方碧真**

四、珍稀保护植物

海南苏铁

学名： *Cycas hainanensis* C. J. Chen
科属： 苏铁科 苏铁属

海南苏铁产于海南省万宁市及海口市等地，可作园林观赏植物。

海南苏铁是海南特有的树种。主干不分枝，叶分鳞叶与营养叶两种，经常看到集生于树干上部呈棕榈状的是营养叶，狭长而质硬，羽状裂片疏生，两面光滑无毛，中脉在上面显著隆起，叶柄两侧密生小刺。

海南苏铁雌雄异株，雌雄花球均着生于树干顶部，雄花球长卵圆形或圆柱形，雌花球半球状，大孢子叶（心皮）上部顶片宽大，斜方状卵形，边缘羽状5~7裂。开花期间，常可见到其忠实的媒人小粉蝶在旁翻飞起舞。授粉成功后结出美丽的种子，就像一颗颗红色的鸡蛋，人们昵称为"凤凰蛋"。

苏铁是非常古老的植物族群之一，早在距今约3亿年的古生代石炭纪便已出现，在中生代侏罗纪达到鼎盛，分布于世界各地，与恐龙共同称霸地球。如今，恐龙家族早已消亡，而同一时代的苏铁却仍然生生不息。

1999年，我国将苏铁属所有种都列为国家一级保护野生植物；海南苏铁还被国际自然与自然资源保护联合会列为濒危植物，现存的海南苏铁主要是人工培养的。周敏

海南粗榧

学名: *Cephalotaxus hainanensis* Li
科属: 三尖杉科 三尖杉属

海南粗榧是乔木，高 10~20 米；树皮通常浅褐色或褐色，稀黄褐色或红紫色，裂成片状脱落。叶条形，排成 2 列，通常质地较薄，向上微弯或直，基部圆截形，稀圆形，先端微急尖、急尖或近渐尖，干后边缘向下反曲，上面中脉隆起，下面有 2 条白色气孔带。雄球花的总梗长约 4 毫米。种子通常微扁，倒卵状椭圆形或倒卵圆形，顶端有凸起的小尖头，成熟前假种皮绿色，熟后常呈红色。

海南粗榧产于中国海南（五指山、尖峰岭、黎母岭）、广东（信宜）、广西（容县）、云南东南部（富宁、广南、麻栗坡）与云南西部（龙陵）、西藏东南部（墨脱）。散生于林中。模式标本采自海南岛五指山。

海南粗榧木材坚实，纹理细密，可作建筑、家具、器具及农具等用材。枝、叶、种子可提取多种植物碱，对治疗白血病及淋巴肉瘤等有一定的疗效。

海南粗榧是濒危种，累遭砍伐。自 60 年代从其树皮、枝叶中分离出多种三尖杉酯碱，对治疗白血病及淋巴肉瘤有一定疗效后，破坏更为严重，资源日趋枯竭。必须加强保护，大量种植，才能满足人们的需求。陈玄达

石碌含笑

学名：*Michelia shiluensis* Chun et Y. F. Wu.
科属：木兰科 含笑属

石碌含笑是乔木，高达 18 米，树皮灰色。叶革质，倒卵形。花白色，花被片 9 枚，倒卵形，花丝红色。聚合果长 4~5 厘米，种子宽椭圆形。花期 3—5 月，果期 6—8 月。

石碌含笑产于海南。生于海拔 200~1 500 米的山沟、山坡、路旁、水边。

石碌含笑的名字来自于它的第一次标本采集，在海南昌江黎族自治县石碌镇。与常见的散发着香蕉味的普通含笑不同，石碌含笑是一种高大乔木，高可达 18 米左右，叶片是木兰科最常见的倒卵形革质叶。它的花有个特点，就是含苞未放的时候，雌蕊群往往会伸出花被之外。白色的花被抱成一团，远远看去像一只只白色的鸽子振翅欲飞。待到花朵完全开放，原本紧抱的花被相互分离，辐射状围绕在长长的雌蕊周围，状如一盏宝莲灯。雄蕊花丝渐渐变红，而花被基部的红色与之遥相呼应，仿佛被花丝晕染。这成熟的颜色也在宣告着花朵的盛放和随之而来的果实的孕育。孙灏

四、珍稀保护植物

观光木

学名：*Tsoongiodendron odorum* Chun
别名：香花木、香木楠、宿轴木兰
科属：木兰科 观光木属

观光木是常绿乔木，高达25米，树皮淡灰褐色，具深皱纹。小枝具托叶环痕。小枝、芽、叶下面和花梗均生黄棕色糙伏毛。叶片厚纸质，互生，椭圆形或倒卵状椭圆形，顶端急尖，基部楔形，上面绿色，有光泽。花两性，单生叶腋，象牙黄色到淡紫色红色，具红色斑点，芳香；花被片9，长椭圆形，3轮，外轮最大，向内渐小；雄蕊多数；雌蕊群不超出雄蕊群。聚合蓇葖果长椭圆形，厚木质，熟时裂成两瓣；种子具红色假种皮，椭圆形或三角状倒卵形。花期3—4月，果期10—12月。

观光木产于我国长江以南地区，江西、福建、云南、广西、广东、贵州、海南等省区也有分布。

观光木是中国特有的古老孑遗树种，为木兰科的单种属植物，对研究古代植物区系、古地理、古气候都有重要的科学价值。开花后落花、落果严重，因此自然更新困难，独立大树留存的数量极少，被列入国家珍稀濒危二级保护植物。保护措施应着重在开花、结种、种子出芽和幼苗成长等环节上，促进其自然更新，同时应加强易地引种栽培，扩大园林绿化的引种。观光木喜温暖湿润气候及深厚肥沃的土壤，在酸性至中性土壤中长势良好，适合中国淮河流域及其以南地区栽植。观光木树干挺直，树冠宽广，枝叶稠密，花小而多，美丽芳香，果实独特，是优良庭园观赏树种和行道树种，孤植和群植均成景观，也可在山上大面积造林。花可提取芳香油，种子可榨油，供工业用。木材结构细致，易加工，少开裂，是高档家具和木器的优良木材。刘蕾

台湾三角槭

学名：*Acer buergerianum* var. *formosanum*（Hayata ex Koidz.）Sasaki
科属：槭树科 槭属

台湾三角槭是落叶乔木，高 5~10 米。叶对生，三出脉，薄纸质、卵形或椭圆形，基部近于圆形或略心形，不分裂或浅 3 裂，侧裂片短而钝尖，叶柄黄绿色。花多数常成顶生被短柔毛的伞房花序，开花在叶长大以后；萼片 5，黄绿色，卵形，无毛；花瓣 5，黄白色，狭窄披针形或线状披针形，先端钝圆，与萼片等长或微短，花盘无毛，微分裂，位于雄蕊外侧；花梗长细瘦，嫩时被长柔毛，渐老时近于无毛。翅果长 2.5~3 厘米，张开近于钝角或水平，成熟时黄绿色。花期不明，果期 9 月。

台湾三角槭产于我国台湾北部至中部。生于沿海疏林中。模式标本采自基隆。

台湾三角槭常用于制作盆景。台湾三角槭被列为濒临绝种的台湾原生树种。陈玄达

四、珍稀保护植物

坡垒

学名：*Hopea hainanensis* Merr. et Chun
别名：海梅、海南坡垒、石梓公
科属：龙脑香科 坡垒属

坡垒是乔木，具白色芳香树脂，高约20米；树皮灰白色或褐色，具白色皮孔。叶近革质，长圆形至长圆状卵形，先端微钝或渐尖，基部圆形，侧脉9~12对。圆锥花序腋生或顶生，密被短的星状毛或灰色茸毛。花偏生于花序分枝的一侧，每朵花具早落的小苞片1枚；花萼裂片5枚；花瓣5枚，旋转排列，长圆形或长圆状椭圆形；雄蕊15枚，2轮排列，外轮的花丝呈阔卵形，内轮的花丝呈线形，花药卵圆形；果实卵圆形，具尖头，被蜡质；增大的2枚花萼裂片为长圆形或倒披针形，具纵脉9~11条，被疏星状毛。花期6—7月，果期11—12月。

坡垒产于中国海南。生于海拔700米左右的密林中。越南北部也有分布。模式标本采自海南。

坡垒是我国珍贵用材树种之一，为有名的高强度用材，经久耐用，最适宜作渔船的外龙骨、内龙筋、轴套及尾轴筒、首尾柱；亦作码头桩材、桥梁和其他建筑用材等。

坡垒是濒危种，也是海南岛特有的热带雨林树种，多呈零散分布。近20年来，由于森林被大面积砍伐，现存的坡垒大树只有数百株。目前已列为禁伐树种进行保护，并有小面积试种，生长良好。陈玄达

青梅

学名： *Vatica mangachapoi* Blanco
别名： 青皮、苦香、青楣
科属： 龙脑香科 青梅属

青梅是乔木，具白色芳香树脂，高约 20 米。小枝被星状茸毛。叶革质，全缘，长圆形至长圆状披针形，长 5~13 厘米，宽 2~5 厘米。圆锥花序顶生或腋生，长 4~8 厘米，纤细，被银灰色的星状毛或鳞片状毛；花萼裂片 5 枚，镊合状排列，卵状披针形或长圆形，不等大，长约 3 毫米，宽约 2 毫米；增大的花萼裂片其中 2 枚较长，长 3~4 厘米，宽 1~1.5 厘米，先端圆形，具纵脉 5 条。花期 5—6 月，果期 8—9 月。

青梅在我国仅分布于海南岛，生于海拔 3~4 米的海滩直至海拔 900 米的瘠薄山坡，以海拔 200~500 米处较为普遍。泰国、马来西亚、印度尼西亚、菲律宾也有分布。

青梅含有大量的蛋白质、脂肪（脂肪油）、碳水化合物和多种无机盐、有机酸等，具有生津解渴、刺激食欲、消除疲劳等功效；木材心材比较大，耐腐、耐湿，用途近似坡垒，为优良的渔轮材之一；纺织方面可以做木梭；工业方面可以制尺、三脚架、枪托以及其他美术工艺品等。是国家三级保护渐危树种。陈玄达

蝴蝶树

学名：*Heritiera parvifolia* Merr.
科属：梧桐科 银叶树属

蝴蝶树是常绿乔木，高达30米，树皮灰褐色，小枝密被鳞秕。叶椭圆状披针形，顶端渐尖，基部短尖或近圆形，上面无毛，下面密被银白色或褐色鳞秕，侧脉约6对；叶柄长1~1.5厘米。圆锥花序腋生，密被锈色星状短柔毛；花小，白色，萼长约4毫米，5~6裂，两面均有星状短柔毛，裂片矩圆状卵形；雄花的雌雄蕊柄长约1毫米，花盘厚，直径约0.8毫米，围绕在雌雄蕊柄的基部，花药8~10个，排成1环，有不发育的雌蕊；雌花的子房长约2毫米，被毛，不育花药位于子房基部。果有长翅，含种子的部分仅长1~2厘米，翅鱼尾状，顶端钝，密被鳞秕，果皮革质；种子椭圆形。花期5—6月。

蝴蝶树喜气温高、雨量充沛、土壤肥厚、湿度大的静风湿润环境，为海南湿润雨林的标志种。

蝴蝶树产于中国海南，为海南特产。生于海南保亭、三亚、乐东等地，为五指山一带山地热带雨林的主要树种，常为最上层树种，有明显的板状干基。木材暗红色，质硬，为优良的造船材。陈玄达

海南梧桐

学名：*Firmiana hainanensis* Kosterm.
科属：梧桐科 梧桐属

海南梧桐是落叶乔木，高达16米；树皮灰白色，枝条平滑。叶形变异极大，在同一枝条上同时具有宽椭圆形、宽卵形、心形至近圆形，稀为卵形的叶，顶端钝或急尖，基部截平或浅心形，稀有深心形，上面无毛，下面密被灰白色星状短柔毛，基生脉5条，中间的叶脉每边有侧脉4~5条；叶柄被稀疏的淡黄色星状短柔毛。圆锥花序顶生或腋生，长达20厘米，密被淡黄褐色星状短柔毛；花黄白色，萼片5枚，近于分离，条状披针形，外面密被淡黄褐色星状短柔毛，内面只在基部有绵毛；雄花的雌雄蕊柄与萼等长，顶端5浅裂，花药15枚聚集在雌雄蕊柄顶端成头状。蓇葖果卵形，顶端急尖或微凹，略被单毛及星状短柔毛，每蓇葖有种子3~5个；种子圆球形，成熟时黄褐色。花期4月。

海南梧桐产于海南昌江和琼中嘉积，喜生于沙质土上。

海南梧桐是中国同属植物中分布最南的一种，对研究梧桐科地理分布有一定的价值。树皮富含纤维，可作造纸和绳索的原料；木材纹理直，结构细，材质稍硬，适作家具等。树姿美致，叶型变异大，可作庭园绿化树种。陈玄达

蕉木

学名：Oncodostigma hainanense
别名：钱木、海南山指甲、山蕉
科属：番荔枝科 蕉木属

蕉木是常绿乔木，高达 16 米，胸径达 50 厘米；小枝、小苞片、花梗、萼片外面、外轮花瓣两面、内轮花瓣外面和果实均被锈色柔毛。叶薄纸质，长圆形或长圆状披针形，顶端短渐尖，基部圆形，除叶柄和叶脉被柔毛外无毛；中脉上面凹陷，下面凸起，侧脉每边 6~10 条，斜升，未达叶缘网结，上面扁平，下面凸起。花黄绿色，1~2 朵腋生或腋外生；花梗长 6~7 毫米，基部有小苞片；小苞片卵圆形；萼片卵圆状三角形，顶端钝；外轮花瓣长卵圆形，内轮花瓣略厚而短；雄蕊长 2 毫米；心皮长圆形，密被长柔毛，柱头棍棒状，直立，基部缢缩，顶端全缘，被疏短柔毛。果长圆筒状或倒卵状，外果皮有凸起纵脊，种子间有缢纹；种子黄棕色，斜四方形；胚小，直立，基生，狭长圆形，长 5 毫米。花期 4—12 月，果期冬季至翌年春季。

蕉木产于海南和广西。生于山谷水旁密林中。

蕉木属在中国仅有蕉木一种，对研究中国热带植物区系有重要的学术意义，是濒危种，因森林砍伐和农垦业的发展，分布区域急剧缩小，生存植株极为稀少，如不保护，将有灭绝的危险。陈玄达

海南紫荆木

学名：*Madhuca hainanensis* Chun et How
别名：海南马胡卡、刷空母树
科属：山榄科 紫荆木属

海南紫荆木是乔木，高 9~30 米；树皮暗灰褐色，内皮褐色，分泌多量浅黄白色黏性汁液；幼嫩部分几乎全部被锈红色、发亮的柔毛。托叶钻形，被柔毛，早落。叶聚生于小枝顶端，革质，长圆状倒卵形或长圆状倒披针形，顶端圆而常微缺，中部以下渐狭，下延，上面有光泽，无毛，下面幼时被锈红色、紧贴的短绢毛，后变无毛，中脉在上面略凸起，下面凸起，侧脉极纤细，20~30 对，密集，明显，呈 60°上升，上面微凹，下面微凸，网脉不明显；叶柄上面具沟或平坦，被灰色茸毛。花 1~3 朵腋生，下垂；花梗密被锈红色绢毛；花萼外轮 2 裂片较大，内轮的较小，长椭圆形或卵状三角形，先端钝，两面密被锈色毡毛；花冠白色，无毛，冠管长约 4 毫米，裂片 8~10，卵状长圆形，上部短尖；能育雄蕊 28~30 枚，3 轮排列，花丝丝状，花药长卵形；果绿黄色，卵球形至近球形，被短柔毛，先端具花柱的残余；种子 1~5，长圆状椭圆形，两侧压扁，褐色，光亮，疤痕椭圆形，无胚乳。花期 6—9 月，果期 9—11 月。

海南紫荆木是海南特产，分布于坝王岭、尖峰岭、吊罗山等地。在海拔 1 000 米左右的山地常绿林中最普遍，是国家二级保护珍稀树种。

海南紫荆木木材暗红褐色，结构致密，材质坚韧，耐腐，可作造船、车轴、桥梁等用材；种子含油量达 55%，可供食用和制皂；树皮含鞣质，可制栲胶。陈玄达

琼棕

学名：*Chuniophoenix hainanensis* Burret
别名：桃榔木
科属：棕榈科 琼棕属

琼棕是丛生灌木，高3米或更高，具吸芽，从叶鞘中生出。叶掌状深裂，裂片14~16片，线形，长达50厘米，宽1.8~2.5厘米，先端渐尖，不分裂或2浅裂，中脉上面凹陷，背面凸起；叶柄无刺，顶端无戟突，上面具深凹槽。花序腋生，多分枝，呈圆锥花序式，主轴上的苞片（一级佛焰苞）管状，顶端三角形，被早落的鳞秕；每一佛焰苞内有分枝3~5个，分枝长10~20厘米，其上密被褐红色有条纹脉的漏斗状小佛焰苞；花两性，紫红色，花萼筒状，宿存；花瓣2~3片，紫红色，卵状长圆形，雄蕊4~6枚，花丝基部扩大并连合；花药卵形；子房长圆形，花柱短，柱头3裂。果实近球形，直径约1.5厘米，外果皮薄，中果皮肉质，内果皮薄。种子为不整齐的球形，灰白色，胚乳嚼烂状，胚基生。花期4月，果期9—10月。

琼棕产于海南的陵水、琼中等地。生于山地疏林中。

琼棕树形优美，可供庭园观赏，为海南特有濒危种，对研究棕榈科植物的系统发育和植物区系有一定的科研价值，被列为国家二级保护植物。

陈玄达

变色山槟榔

学名: *Pinanga discolor* Burret
别名: 山槟榔
科属: 棕榈科 山槟榔属

变色山槟榔是丛生灌木,高 3 米或更高,直径 1.5~2 厘米,密被深褐色头屑状斑点,间有浅色斑纹。叶鞘、叶柄及叶轴上均被褐色鳞秕。叶羽状,长 65~100 厘米,有 7~10 对对生的羽片,顶端一对或二对羽片较宽,先端截形,具不等的锐齿裂,长约 30 厘米,宽 5~7 厘米,具 9~10 条叶脉,以下的羽片稍呈 S 形弯曲,向上镰刀状渐尖,向基部变狭,具 4-5 条叶脉,上面深绿色,背面灰白色,大小叶脉之间及叶脉上具苍白色鳞毛和褐色点状鳞片,叶脉上散布着淡褐色的线状鳞片。花序 2~4 个分枝,下弯,长 15~18 厘米,穗轴曲折,压扁,花 2 列。果实近纺锤形,长 2~2.2 厘米,直径 7~9 毫米,有纵条纹。果期约在 10 月。

变色山槟榔产于广东南部、海南、广西南部及云南南部等地。陈玄达

海南钻喙兰

学名: *Rhynchostylis gigantea* (Lindl.) Ridl.
别名: 无耳兰、安诺兰、狐尾兰
科属: 兰科 钻喙兰属

海南钻喙兰根肥厚,粗达10毫米。茎直立,粗壮,具数节,不分枝,具多数二列的叶,被宿存的叶鞘所包。叶肉质,彼此紧靠,宽带状,外弯,先端钝并且不等侧2圆裂,基部具抱茎的鞘。花序腋生,下垂,2~4个,通常比叶短;花序柄粗壮,被3~4枚宽卵形的纸质鞘;花序轴粗厚,密生许多花;花苞片通常反折,宽卵形,先端钝;花白色,带紫红色斑点,质地较厚,开展;萼片近相似,椭圆状长圆形,先端钝,具5条主脉;花瓣长圆形,比萼片小,先端钝,基部收狭,具5条主脉;唇瓣肉质,深紫红色,贴生在蕊柱足上,向外伸展,近倒卵形,基部具一对脊突,上部3裂;侧裂片圆形、直立,中裂片比侧裂片小得多,先端稍凹缺,唇盘稍有疣状突起;距狭圆锥形,径直或稍向前弯曲,内面密被白毛;蕊柱紫红色,粗短;蕊柱足不甚明显;蕊喙近圆形,先端凹缺,药帽白色,半球形,前端收狭而呈三角形;粘盘柄线形,扁的,顶端多少扩大呈半圆形;粘盘披针形,比粘盘柄短而宽。蒴果倒卵形,长约5厘米(包括长1厘米的果柄),粗约1.5厘米,具数个棱。花期1—4月,果期2—6月。

海南钻喙兰产于中国海南(陵水、三亚、昌江、白沙、澄迈)。生于海拔约1 000米的山地疏林中树干上。越南、老挝、柬埔寨、缅甸、泰国、马来西亚、新加坡、印度尼西亚也有分布。陈玄达

水菜花

学名: *Ottelia cordata* (Wall.) Dandy
别名: 心叶水车前、异叶水车前
科属: 水鳖科 水车前属

水菜花是一年生或多年生沉水草本，须根多数，茎极短。叶基生，异型；沉水叶长椭圆形、披针形或带形，全缘，薄纸质，淡绿色，光滑无毛，叶脉5~7条；叶柄基部有鞘，带形叶则近于无柄；浮水叶阔披针形或长卵形，先端急尖或渐尖，基部心形，全缘，较沉水叶厚，革质，色深具光泽；叶脉9条；叶柄基部有鞘。花单性，雌雄异株；佛焰苞腋生，具长梗，长卵圆形，具6条纵棱，上面有排列成行的疣点，顶端不规则2裂；雄佛焰苞内有雄花10~30朵，同时2~4朵伸出苞外开花，雄花梗长5厘米以上；萼片3，广披针形，淡黄色，花瓣3，倒卵形，白色，基部带黄色，具纵条纹；雄蕊12枚，排列为2轮，外轮比内轮短，花丝上密被绒毛，花药长6毫米，药隔明显；退化雄蕊3枚，与萼片对生，黄色，扁平，先端2裂，有乳头状凸起，裂片长约5毫米；腺体3，黄红色，与花瓣对生；退化雌蕊1枚，圆球形，具3浅沟；雌佛焰苞内含雌花1朵，花被与雄花花被相似，稍大；子房下位，长圆形，光滑，通常隔成不完全的9~15室，侧膜胎座；花柱9~18枚，先端2裂，扁平状，裂缝间具毛状乳头；退化雄蕊3~8枚；腺体3枚，与花瓣对生。果实长椭圆形，种子多数，纺锤形，光滑。花期几乎全年。

水菜花产于海南（海口、文昌）。生于淡水沟渠及池塘中。缅甸、泰国及柬埔寨也有分布。陈玄达

植物的叶

植物的叶具有许多功能,其中最主要的是进行光合作用和蒸腾作用。

一、叶的组成

叶生长在茎的节部。一片完全叶由叶片、叶柄和托叶组成(如图1)。禾本科植物的叶由叶片和叶鞘两部分组成。

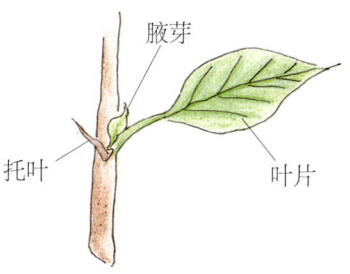

图1 完全叶

二、叶片的形态

1. 叶形、叶缘、叶尖、叶基

叶片的形状(叶形)主要由叶的长度与宽度的比例和叶片最宽的部位来确定(如图2)。叶片基本形状有线形、披针形、椭圆形、卵形、菱形、

最宽部位 \ 长宽比例	长宽相等(或长比宽大得很少)	长是宽的1.5~2倍	长是宽的3~4倍	长是宽的5倍以上
最宽处近叶的基部	阔卵形	卵形	披针形	线形
最宽处在叶的中部	圆形	阔椭圆形	长椭圆形	剑形
最宽处在叶的先端	倒阔卵形	倒卵形	倒披针形	

图2 叶片的整体形状

心形和肾形等。此外还有圆形、扇形、三角形、剑形等（如图3）。

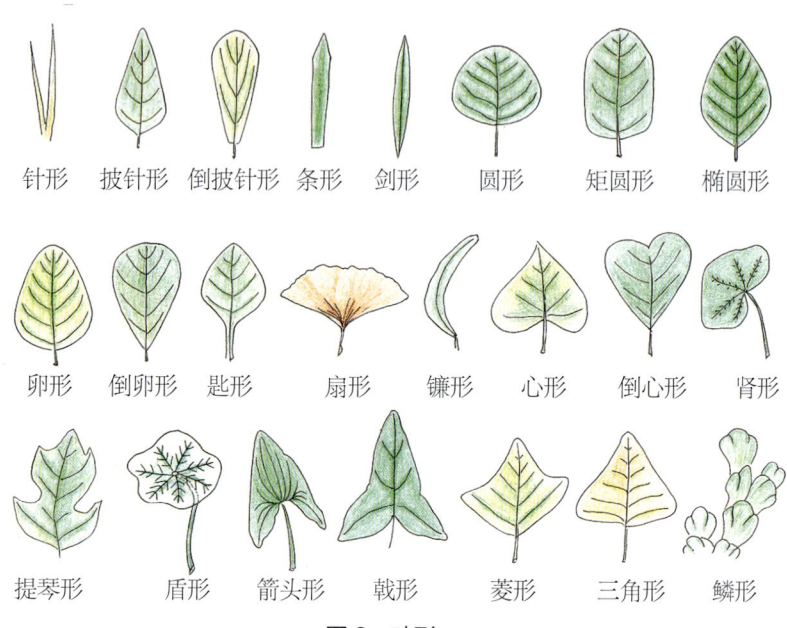

图3 叶形

叶缘常见类型如图4。其中叶裂是叶缘的特殊类型（如图5）。

图4 叶缘

图 5　叶裂

叶尖常见类型如图 6。

图 6　叶尖

叶基常见类型如图 7。

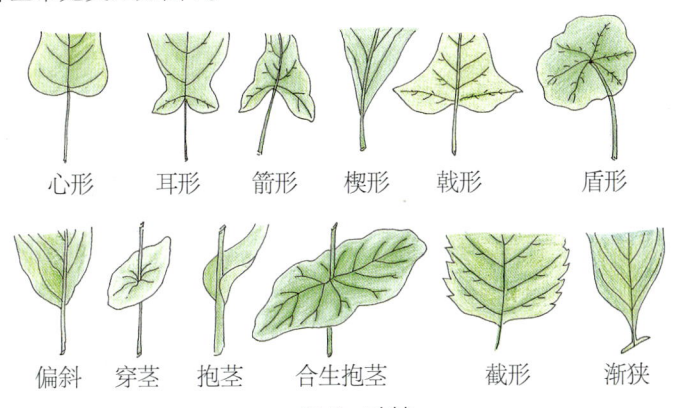

图 7　叶基

2. 叶脉

叶脉的常见类型如图 8。

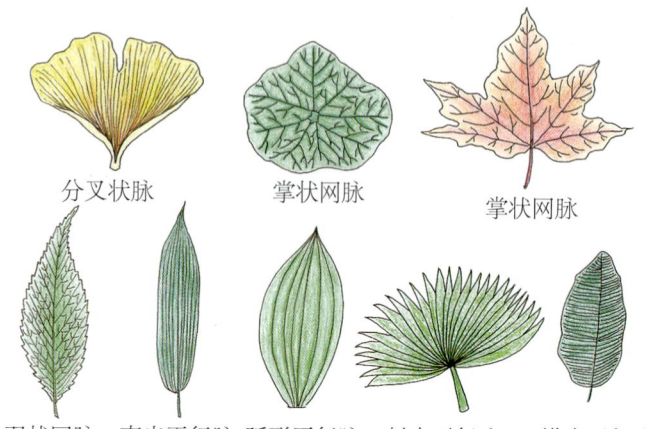

图 8　叶脉

3. 单叶与复叶

在一个叶柄上生长一个叶片的叶称为单叶，生有多个小叶片的叶称为复叶。复叶的叶柄称为叶轴或总叶柄。根据小叶的排列方式，复叶可分为羽状复叶、掌状复叶、三出复叶等（如图9）。

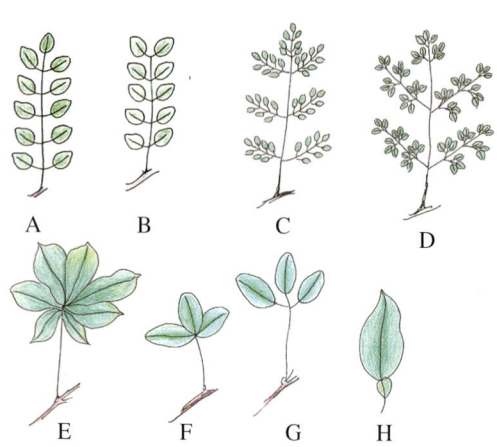

A. 一回奇数羽状复叶；B. 一回偶数羽状复叶；C. 二回羽状复叶；D. 三回羽状复叶；E. 掌状复叶；F. 三出掌状复叶；G. 三出羽状复叶；H. 单身复叶

图 9　复叶

4. 叶序

叶在茎上的排列次序称为叶序,主要有互生、对生、轮生、簇生和基生 5 类(图 10)。

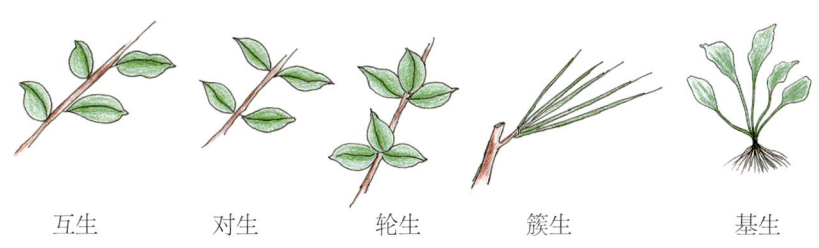

互生　　　　对生　　　　轮生　　　　簇生　　　　基生

图 10　叶序的类型

5. 特化的叶

特化的叶指的是叶的变态,常见有苞片和总苞、鳞叶、叶刺、叶卷须、叶状柄、捕虫叶、肉质叶(贮藏叶)等(如图 11)。

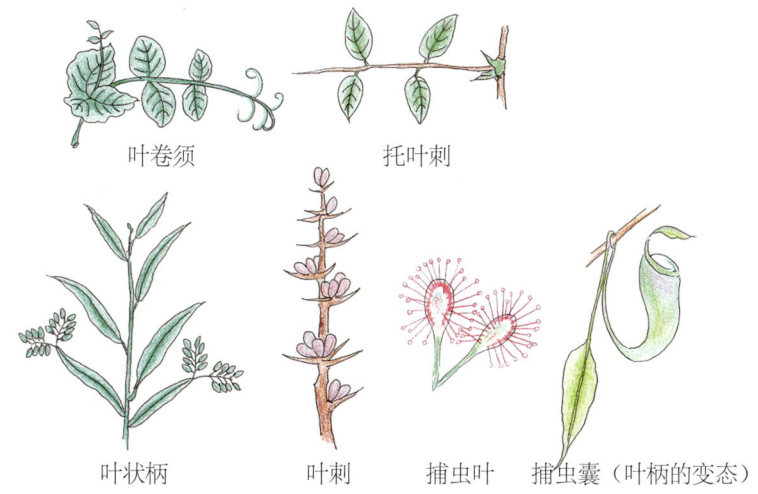

叶卷须　　　　　　　　托叶刺

叶状柄　　　叶刺　　　捕虫叶　　捕虫囊(叶柄的变态)

图 11　几种变态叶

6. 叶的质地

叶的质地常有膜质、草质、纸质、革质、肉质等,据此可分为膜质叶、草质叶、纸质叶、革质叶、肉质叶。方碧真 文 王玉芳 图